Inhaltsverzeichnis

- Impressum
- Einleitung

1. Grundlagen der Obstbaumzucht

- 1. 1. Standortwahl und Bodenvorbereitung
  - 1. 1. 1. Klimatische Anforderungen verschiedener Obstarten
  - 1. 1. 2. Bodenanalyse und Nährstoffversorgung
  - 1. 1. 3. Pflanzabstände und Reihenausrichtung
  - 1. 1. 4. Drainage und Bewässerungssysteme
- 1. 2. Pflanzung und Veredelung
  - 1. 2. 1. Wurzelunterlage und Sortenwahl
  - 1. 2. 2. Pflanzzeiten und Techniken
  - 1. 2. 3. Veredelungsmethoden
- 1. 3. Baumformen und Erziehungssysteme
  - 1. 3. 1. Spindel und Schlanke Spindel
  - 1. 3. 2. Hochstamm und Halbstamm
  - 1. 3. 3. Spalierobst
  - 1. 3. 4. Moderne Anbausysteme

2. Professionelle Schnitttechniken

- 2. 1. Werkzeuge und Ausrüstung
  - 2. 1. 1. Scheren und Sägen
  - 2. 1. 2. Leitern und Arbeitsbühnen
  - 2. 1. 3. Werkzeugpflege

    - 2. 1. 4. Sicherheitsausrüstung
- 2. 2. Schnittarten
    - 2. 2. 1. Pflanzschnitt
    - 2. 2. 2. Erziehungsschnitt
    - 2. 2. 3. Erhaltungsschnitt
    - 2. 2. 4. Verjüngungsschnitt
- 2. 3. Schnitttechnik
    - 2. 3. 1. Schnittführung
    - 2. 3. 2. Astring und Zugast
    - 2. 3. 3. Wundbehandlung

3. Spezielle Obstarten

- 3. 1. Kernobst
    - 3. 1. 1. Apfelbaumpflege
    - 3. 1. 2. Birnbaumerziehung
    - 3. 1. 3. Quittenkultur
- 3. 2. Steinobst
    - 3. 2. 1. Kirschbaumpflege
    - 3. 2. 2. Pflaumenerziehung
    - 3. 2. 3. Pfirsichkultur
    - 3. 2. 4. Aprikosenpflege
- 3. 3. Zitrusgewächse
    - 3. 3. 1. Orangenbaumkultur
    - 3. 3. 2. Zitronenpflege

- 3. 3. 3. Überwinterung
- 3. 3. 4. Kübelhaltung

4. Baumpflege und Gesunderhaltung

- 4. 1. Nährstoffversorgung
  - 4. 1. 1. Düngungskonzepte
  - 4. 1. 2. Kompostierung
  - 4. 1. 3. Mulchsysteme
  - 4. 1. 4. Blattdüngung
- 4. 2. Pflanzenschutz
  - 4. 2. 1. Vorbeugender Pflanzenschutz
  - 4. 2. 2. Biologische Schädlingsbekämpfung
  - 4. 2. 3. Krankheitserkennung
  - 4. 2. 4. Nützlingsförderung
- 4. 3. Jahrespflege
  - 4. 3. 1. Frühjahrsarbeiten
  - 4. 3. 2. Sommerarbeiten
  - 4. 3. 3. Herbstarbeiten
  - 4. 3. 4. Winterarbeiten
- Quellen
- Bild-Quellen

Artemis Saage

Obstbaumschnitt in Bildern: Der praktische Baumschnitt-Ratgeber für Apfelbaum & Co.

Professionelle Schnitttechniken, Veredelung und Pflege von Obstbäumen - Von der Pflanzung bis zur Ernte

199 Quellen
32 Fotos / Grafiken
14 Illustrationen

Impressum

Saage Media GmbH
c/o SpinLab – The HHL Accelerator
Spinnereistraße 7
04179 Leipzig, Germany
E-Mail: contact@SaageMedia.com
Web: SaageMedia.com
Commercial Register: Local Court Leipzig, HRB 42755 (Handelsregister: Amtsgericht Leipzig, HRB 42755)
Managing Director: Rico Saage (Geschäftsführer)
VAT ID Number: DE369527893 (USt-IdNr.)

Publisher: Saage Media GmbH
Veröffentlichung: 01.2025
Umschlagsgestaltung: Saage Media GmbH
ISBN-Softcover: 978-3-384-47702-6
ISBN-Ebook: 978-3-384-47703-3

Rechtliches / Hinweise

Die in diesem Buch aufgeführten externen Links und Quellenverweise wurden zum Zeitpunkt der Buchveröffentlichung geprüft. Auf die aktuellen und zukünftigen Gestaltungen und Inhalte der verlinkten Seiten hat der Autor keinen Einfluss. Für illegale, fehlerhafte oder unvollständige Inhalte sowie für Schäden, die durch die Nutzung oder Nichtnutzung der Informationen entstehen, haftet allein der Anbieter der verlinkten Website, nicht derjenige, der über Links auf die jeweilige Veröffentlichung verweist. Alle verwendeten externen Quellen sind im Literaturverzeichnis aufgeführt. Trotz sorgfältiger inhaltlicher Kontrolle übernehmen wir keine Haftung für die Inhalte externer Quellen. Für den Inhalt der zitierten Quellen sind ausschließlich deren Betreiber verantwortlich. Bilder und Quellen Dritter sind als solche gekennzeichnet. Die Vervielfältigung, Bearbeitung, Verbreitung und jede Art der Verwertung außerhalb der Grenzen des Urheberrechtes bedürfen der schriftlichen Zustimmung des jeweiligen Autors bzw. Erstellers.
Die in diesem Buch enthaltenen Quellenverweise und Zitate wurden sorgfältig recherchiert und sinngemäß wiedergegeben. Die Interpretation und Darstellung der zitierten Inhalte spiegelt die Auffassung des Autors wider und muss nicht zwangsläufig mit der Intention oder Meinung der ursprünglichen Autoren übereinstimmen. Bei sinngemäßen Zitaten wurden die Kernaussagen der Originalquellen nach bestem Wissen und Gewissen in den Kontext dieses Werkes eingebettet, können jedoch durch die Übertragung und Vereinfachung von den ursprünglichen Formulierungen und Bedeutungsnuancen abweichen. Alle verwendeten Quellen sind im Literaturverzeichnis vollständig aufgeführt und können dort im Original nachgelesen werden. Die Verantwortung für die Interpretation und kontextuelle Einbettung der zitierten Inhalte liegt beim Autor dieses Buches. Bei wissenschaftlichen Fragestellungen und Detailinformationen wird empfohlen, die Originalquellen zu konsultieren. Der Autor hat sich bemüht, komplexe wissenschaftliche Sachverhalte allgemeinverständlich darzustellen. Dabei können Vereinfachungen und Verallgemeinerungen nicht ausgeschlossen werden. Für die fachliche Richtigkeit und Vollständigkeit der vereinfachten Darstellungen kann keine Gewähr übernommen werden. Die sinngemäße Wiedergabe von Zitaten und wissenschaftlichen Erkenntnissen erfolgt nach bestem Wissen und Gewissen unter Beachtung des Zitatrechts gemäß § 51 UrhG. Bei der Vereinfachung und Übertragung und ggf. Übersetzung wissenschaftlicher Inhalte in eine allgemeinverständliche Sprache können Bedeutungsnuancen und fachliche Details verloren gehen. Für akademische Zwecke und bei der Verwendung als wissenschaftliche Referenz wird ausdrücklich empfohlen, auf die Originalquellen zurückzugreifen. Die vereinfachte Darstellung dient ausschließlich der populärwissenschaftlichen Information.
Die in diesem Buch enthaltenen Anleitungen zum Obstbaumschnitt, zur Veredelung und Pflege wurden sorgfältig recherchiert und nach bestem Wissen zusammengestellt. Dennoch können Fehler nicht vollständig ausgeschlossen werden. Weder Autor noch Verlag übernehmen eine Haftung für eventuelle Nachteile oder Schäden, die aus den im Buch gegebenen Hinweisen resultieren. Die beschriebenen Schnitttechniken und Pflegemaßnahmen können je nach Baumart, Region und klimatischen Bedingungen variieren. Bei der praktischen Umsetzung der Anleitungen ist stets die individuelle Situation zu berücksichtigen. Für wichtige obstbauliche Entscheidungen, insbesondere bei wertvollen oder geschützten Bäumen, wird die Konsultation eines qualifizierten Obstbauberaters oder Pomologen empfohlen. Die im Buch genannten Marken- und Sortennamen sind Eigentum der jeweiligen Rechteinhaber, auch wenn dies nicht gesondert gekennzeichnet ist. Aus dem Fehlen einer Kennzeichnung kann nicht geschlossen werden, dass es sich um einen freien Namen handelt. Die verwendeten Quellen und weiterführende Literatur sind im Anhang aufgeführt.
Dieses Buch wurde unter Verwendung von Künstlicher Intelligenz und anderen Tools erstellt. Unter anderem wurden Tools für die Recherche und Generierung der dekorativen Illustrationen eingesetzt. Trotz Kontrolle können Fehler nicht vollständig ausgeschlossen werden. Wir möchten betonen, dass der Einsatz von KI als unterstützendes Werkzeug dient, um unseren Lesern ein qualitativ hochwertiges und inspirierendes Leseerlebnis zu bieten.

Liebe Leserinnen, liebe Leser,

von Herzen danke ich Ihnen, dass Sie sich für dieses Buch entschieden haben. Mit Ihrer Wahl haben Sie mir nicht nur Ihr Vertrauen geschenkt, sondern auch einen Teil Ihrer wertvollen Zeit. Das weiß ich sehr zu schätzen.
Ein gepflegter Obstbaum ist wie ein treuer Freund, der Jahr für Jahr reiche Ernte schenkt - doch der Weg dahin führt über den richtigen Schnitt. Viele Hobbygärtner stehen ratlos vor ihren Obstbäumen und fragen sich: Wie schneide ich richtig? Wann ist der beste Zeitpunkt? Welche Werkzeuge brauche ich? Dieser praxisnahe Ratgeber führt Sie mit über 200 detaillierten Fotografien und Schritt-für-Schritt-Anleitungen durch alle wichtigen Aspekte der Obstbaumpflege. Von der Standortwahl über verschiedene Schnittarten bis hin zur fachgerechten Veredelung lernen Sie die bewährten Techniken der Profis kennen. Besonders wertvoll: Die ausführlichen Kapitel zu den Besonderheiten verschiedener Obstarten - vom klassischen Apfelbaum bis zu mediterranen Zitrusgewächsen. Ergänzt durch moderne Pflegekonzepte und biologischen Pflanzenschutz. Dieser Bildratgeber macht Sie zum kompetenten Obstbaumexperten - mit fundierten Anleitungen für gesunde, ertragreiche Bäume. Entdecken Sie jetzt, wie Sie Ihre Obstbäume fachgerecht pflegen und sich Jahr für Jahr über eine reiche Ernte freuen können.
Ich wünsche Ihnen nun eine inspirierende und aufschlussreiche Lektüre. Sollten Sie Anregungen, Kritik oder Fragen haben, freue ich mich über Ihre Rückmeldung. Denn nur durch den aktiven Austausch mit Ihnen, den Lesern, können zukünftige Auflagen und Werke noch besser werden. Bleiben Sie neugierig!

Artemis Saage
Saage Media GmbH

- support@saagemedia.com
- Spinnereistraße 7 - c/o SpinLab – The HHL Accelerator, 04179 Leipzig, Germany

Einleitung

Um Ihnen die bestmögliche Leseerfahrung zu bieten, möchten wir Sie mit den wichtigsten Merkmalen dieses Buches vertraut machen. Die Kapitel sind in einer logischen Reihenfolge angeordnet, sodass Sie das Buch von Anfang bis Ende durchlesen können. Gleichzeitig wurde jedes Kapitel und Unterkapitel als eigenständige Einheit konzipiert, sodass Sie auch gezielt einzelne Abschnitte lesen können, die für Sie von besonderem Interesse sind. Jedes Kapitel basiert auf sorgfältiger Recherche und ist durchgehend mit Quellenangaben versehen. Sämtliche Quellen sind direkt verlinkt, sodass Sie bei Interesse tiefer in die Thematik eintauchen können. Auch die im Text integrierten Bilder sind mit entsprechenden Quellenangaben und Links versehen. Eine vollständige Übersicht aller Quellen- und Bildnachweise finden Sie im verlinkten Anhang. Um die wichtigsten Informationen nachhaltig zu vermitteln, schließt jedes Kapitel mit einer prägnanten Zusammenfassung. Fachbegriffe sind im Text unterstrichen dargestellt und werden in einem direkt darunter platzierten, verlinkten Glossar erläutert.

Für einen schnellen Zugriff auf weiterführende Online-Inhalte können Sie die QR-Codes mit Ihrem Smartphone scannen.

Zusätzliche Bonus-Materialien auf unserer Website
Auf unserer Website stellen wir Ihnen folgende exklusive Materialien zur Verfügung:

- Bonusinhalte und zusätzliche Kapitel
- Eine kompakte Gesamtzusammenfassung
- Eine PDF-Datei mit allen Quellenangaben
- Weiterführende Literaturempfehlungen

Die Website befindet sich derzeit noch im Aufbau.

SaageBooks.com/de/obstbaumschnitt-bonus-8OI659

1. Grundlagen der Obstbaumzucht

Die Kunst der Obstbaumzucht verbindet jahrhundertealtes Wissen mit modernen wissenschaftlichen Erkenntnissen. Doch welche Faktoren entscheiden letztlich über Erfolg oder Misserfolg bei der Kultivierung von Obstbäumen? Wie lässt sich das komplexe Zusammenspiel von Standort, Boden und Klima optimal nutzen? Von der Wahl der richtigen Unterlage über die Bedeutung der Bodenqualität bis hin zu verschiedenen Erziehungsformen - die Grundlagen der Obstbaumzucht umfassen vielfältige Aspekte, die es zu berücksichtigen gilt. Dabei stellen sich zentrale Fragen: Welche Rolle spielen moderne Anbausysteme für den nachhaltigen Erfolg? Wie können traditionelle Methoden sinnvoll mit neuen Techniken kombiniert werden? Die folgenden Kapitel beleuchten systematisch die wesentlichen Grundlagen der Obstbaumzucht und liefern praktische Hinweise für deren erfolgreiche Umsetzung. Denn nur wer die Basis versteht, kann fundierte Entscheidungen für einen erfolgreichen Obstanbau treffen.

1. 1. Standortwahl und Bodenvorbereitung

Die Wahl des richtigen Standorts und die sorgfältige Vorbereitung des Bodens entscheiden maßgeblich über den langfristigen Erfolg einer Obstanlage. Doch welche Faktoren müssen dabei berücksichtigt werden? Wie lässt sich bereits vor der Pflanzung erkennen, ob ein Standort wirklich geeignet ist? Und welche Rolle spielen Klimawandel und veränderte Wetterbedingungen bei dieser Entscheidung? Die Komplexität dieser Fragen zeigt sich in den vielfältigen Wechselwirkungen zwischen Boden, Klima und Pflanze. Während einige Obstarten mit kargen Böden zurechtkommen, benötigen andere optimale Nährstoffbedingungen. Auch die Wasserversorgung und Drainage erfordern durchdachte Lösungen - von der einfachen Geländemodellierung bis hin zu technisch ausgefeilten Bewässerungssystemen. Die folgenden Abschnitte beleuchten systematisch alle relevanten Aspekte der Standortwahl und Bodenvorbereitung. Mit diesem Wissen können Sie fundierte Entscheidungen treffen und typische Anfängerfehler vermeiden.

> *„Für eine optimale Entwicklung benötigen Obstbäume ausreichend Sonnenlicht - mindestens 35% Lichtinterzeption sind für die Blütenbildung erforderlich.“*

1. 1. 1. Klimatische Anforderungen verschiedener Obstarten

Die klimatischen Anforderungen verschiedener Obstarten sind entscheidend für einen erfolgreichen Obstanbau und müssen bei der Standortwahl sorgfältig berücksichtigt werden. Jede Obstart hat dabei ihre spezifischen Bedürfnisse hinsichtlich Temperatur, Licht und weiterer Umweltfaktoren [s1]. Für eine optimale Entwicklung benötigen Obstbäume ausreichend Sonnenlicht - mindestens 35% Lichtinterzeption sind für die Blütenbildung erforderlich [s1]. Dies bedeutet in der Praxis, dass Standorte mit Schattenwurf durch Gebäude oder andere Bäume vermieden werden sollten. Ein praktischer Tipp ist, neue Obstbäume mindestens 4,5 bis 6 Meter von anderen Bäumen oder Strukturen entfernt zu pflanzen [s2]. Die Temperaturanforderungen variieren je nach Obstart deutlich. Äpfel beispielsweise entwickeln ihre charakteristische Färbung am besten bei warmen Tagen und kühlen Nächten [s1]. Besonders wichtig ist die Winterkälte, die Obstbäume benötigen, um ihre Ruhephase zu durchbrechen und im Frühjahr normal blühen zu können [s3]. Bei der Sortenauswahl sollte man daher unbedingt die durchschnittlichen Kältestunden des Standorts berücksichtigen. Ein oft unterschätzter Faktor ist die Luftdrainage. Obstanlagen sollten vorzugsweise an leicht geneigten Hängen angelegt werden, damit kalte Luft abfließen kann [s4]. Dies ist besonders wichtig für frostempfindliche Arten wie Pfirsiche, die durch Spätfröste im Frühjahr geschädigt werden können [s1]. Als Faustregel gilt: Je höher der Standort im Vergleich zur Umgebung, desto besser die Luftzirkulation und desto geringer das Spätfrostrisiko [s3].

Die Bodenentwässerung spielt eine zentrale Rolle [s4]. Staunässe ist für die meisten Obstarten problematisch - schon 7-10 Tage Überschwemmung können zu fatalen Wurzelschäden führen [s2]. Der ideale Boden ist ein sandiger Lehm mit einer Mindesttiefe von 45-60 cm, unterlagert von gut drainiertem roten Lehm [s3]. Bei der Bodenuntersuchung sollte man besonders auf bläuliche oder graue Verfärbungen achten, die auf Staunässe hinweisen [s3]. Der pH-Wert des Bodens sollte für die meisten Obstarten zwischen 6,0 und 6,5 liegen [s1]. Ist der pH-Wert zu niedrig, empfiehlt sich eine Kalkung vor der Pflanzung [s3]. Eine professionelle Bodenanalyse vor der Anlage des Obstgartens ist daher unerlässlich. Mit Blick auf den Klimawandel gewinnt die Anpassungsfähigkeit der gewählten Obstarten zunehmend an Bedeutung [s5]. Bei der Sortenwahl sollten daher nicht nur aktuelle, sondern auch prognostizierte klimatische Veränderungen berücksichtigt werden. Besonders wichtig sind dabei die Toleranz gegenüber Hitze und Trockenheit [s5]. Die Wasserqualität ist ein weiterer wichtiger Aspekt. Viele Obstarten reagieren empfindlich auf erhöhte Salzgehalte im Bewässerungswasser [s2]. Vor der Standortwahl sollte daher unbedingt die Wasserqualität geprüft werden [s3]. Für eine nachhaltige Obstproduktion ist es ratsam, sich an bewährten regionalen Sorten zu orientieren [s3]. Diese haben sich über Jahre hinweg unter den lokalen Bedingungen bewährt und bieten damit die beste Gewähr für einen erfolgreichen Anbau. Experimentieren mit nicht erprobten Sorten birgt dagegen ein erhöhtes Risiko des Misserfolgs.

Bodenentwässerung [i1]

Glossar

Lichtinterzeption

Bezeichnet den Anteil des einfallenden Sonnenlichts, der von den Blättern eines Baumes aufgefangen und nicht durchgelassen wird. Je höher der Wert, desto mehr Licht nutzt der Baum für die Photosynthese.

1. 1. 2. Bodenanalyse und Nährstoffversorgung

Eine gründliche Bodenanalyse und optimale Nährstoffversorgung bilden das Fundament für gesunde, ertragreiche Obstbäume. Die Planung sollte bereits zwei Jahre vor der eigentlichen Pflanzung beginnen, wobei der erste Bodentest etwa 1,5 Jahre vor dem Pflanzen durchgeführt werden sollte [s6]. Diese frühzeitige Analyse ermöglicht es, notwendige Bodenverbesserungsmaßnahmen rechtzeitig einzuleiten. Die Bodenuntersuchung erfolgt in verschiedenen Tiefenschichten (0-20 cm, 20-40 cm, 40-60 cm) und umfasst mehrere Parameter: pH-Wert, organische Substanz, Gesamtstickstoff, verfügbarer Phosphor und Kalium [s7]. Besonders aufschlussreich ist dabei die Analyse des alkalisch hydrolysierbaren Stickstoffs, der Aufschluss über die natürliche Stickstoffnachlieferung des Bodens gibt. Ein praktischer Tipp: Entnehmen Sie pro Hektar mindestens 20 Einzelproben und mischen Sie diese zu einer repräsentativen Mischprobe. Die Nährstoffversorgung von Obstbäumen konzentriert sich hauptsächlich auf fünf Hauptnährstoffe: Kalium, Stickstoff, Calcium, Magnesium und Phosphor [s8]. Um deren Verfügbarkeit optimal zu steuern, ist eine regelmäßige Überwachung der pH-Werte und der elektrischen Leitfähigkeit während der Wachstumsperiode unerlässlich [s9]. Für eine nachhaltige Bodenverbesserung spielt organisches Material eine Schlüsselrolle. Es verbessert nicht nur die Bodenstruktur, sondern erhöht auch die Wasser- und Nährstoffhaltekapazität [s8]. Ein bewährter Ansatz ist die Einarbeitung von gut verrottetem Kompost in den oberen 45 cm des Bodens vor der Pflanzung. Als Faustregel gilt: Pro 100 Quadratmeter sollten etwa 2-3 Kubikmeter organisches Material eingearbeitet werden. Die Pflanzengewebeanalyse ergänzt die Bodenuntersuchung und gibt Aufschluss über den tatsächlichen Nährstoffstatus der Bäume [s10]. Dabei werden neben den Hauptnährstoffen auch wichtige Spurenelemente wie Eisen, Mangan, Kupfer, Zink und Bor untersucht [s7]. Für aussagekräftige Ergebnisse sollten die Blattproben von Bäumen gleichen Alters, gleicher Sorte und mit gleichem Wurzelstock stammen. Eine innovative Methode zur nachhaltigen Bodenverbesserung ist die Etablierung einer permanenten Grasnarbe zwischen den Baumreihen [s6]. Diese verhindert nicht nur Bodenerosion, sondern verbessert auch die Bodenstruktur und trägt zur Nährstoffversorgung bei [s11]. In der Praxis haben sich besonders Kleegras-Mischungen bewährt, die zusätzlich Stickstoff im Boden anreichern. Die Düngung sollte gezielt und maßvoll erfolgen. Stickstoff wird dabei jährlich appliziert, um Wachstum und Fruchtqualität zu fördern [s12]. Ein praktischer Ansatz ist die Aufteilung der Stickstoffgabe in mehrere Teilgaben während der Vegetationsperiode. Die Platzierung der Düngemittel erfolgt idealerweise im Kronentraufbereich, wo die meisten aktiven Wurzeln zu finden sind. Für ein erfolgreiches Nährstoffmanagement ist eine sorgfältige Dokumentation unerlässlich [s10]. Führen Sie Buch über Analyseergebnisse, Düngemaßnahmen und Erträge. Diese Aufzeichnungen ermöglichen es, langfristige Trends zu erkennen und das Düngungsprogramm kontinuierlich zu optimieren. Eine besonders effektive Methode zur Verbesserung der Nährstoffeffizienz ist der Einsatz von Mulchmaterialien oder Unkrautmatten [s11]. Diese reduzieren nicht nur den Unkrautdruck, sondern regulieren auch die Bodentemperatur und -feuchtigkeit, was die Nährstoffverfügbarkeit positiv beeinflusst.

Glossar

Alkalisch hydrolysierbar

Chemischer Prozess, bei dem organische Stickstoffverbindungen durch basische (alkalische) Bedingungen in pflanzenverfügbare Formen umgewandelt werden. Ein wichtiger Indikator für die langfristige Stickstoffversorgung.

Elektrische Leitfähigkeit

Messwert, der die Fähigkeit des Bodens angibt, elektrischen Strom zu leiten. Je höher der Salzgehalt im Boden, desto höher die Leitfähigkeit. Ein wichtiger Indikator für die Nährstoffverfügbarkeit.

pH-Wert

Maßzahl für die Konzentration von Wasserstoffionen in einer Lösung, die auf einer Skala von 0 (sauer) bis 14 (basisch) angegeben wird. Für Obstbäume ist meist ein leicht saurer pH-Wert von 5,5 bis 6,5 optimal.

1. 1. 3. Pflanzabstände und Reihenausrichtung

Die optimale Anordnung von Obstbäumen erfordert eine sorgfältige Planung der Pflanzabstände und Reihenausrichtung, da diese Faktoren maßgeblich Wachstum, Ertrag und Bewirtschaftbarkeit beeinflussen. Die Abstände zwischen den Bäumen variieren dabei erheblich je nach Obstart, Unterlage und Bewirtschaftungsform [s13]. In modernen Intensivobstanlagen mit Zwergunterlagen werden deutlich geringere Abstände gewählt - typischerweise etwa 90 cm zwischen den Bäumen und 3,5-4 m zwischen den Reihen [s14]. Dies ermöglicht eine hohe Flächenproduktivität, erfordert aber regelmäßige Schnittmaßnahmen zur Kontrolle des Wachstums. Bei der praktischen Umsetzung sollte man beachten, dass selbst bei gleicher Unterlage das Wuchsverhalten verschiedener Sorten unterschiedlich sein kann und die Abstände entsprechend angepasst werden müssen. Die Nord-Süd-Ausrichtung der Reihen hat sich in vielen Anbauregionen bewährt, da sie eine optimale Lichtverteilung gewährleistet [s15]. Die Bäume erhalten so morgens und abends gleichmäßig Sonnenlicht auf beiden Seiten der Reihe. Ein praktischer Tipp: Markieren Sie die exakte Nord-Süd-Richtung vor der Pflanzung mit Hilfe eines Kompasses und Pflöcken, um später gerade Reihen zu erhalten. Bei der Planung der Reihenabstände muss auch die verwendete Technik berücksichtigt werden [s16]. Die Fahrgassen sollten breit genug sein für Traktoren, Sprühgeräte und Erntemaschinen. Als Faustregel gilt: Reihenabstand = Maschinenbreite + mindestens 1 Meter Spielraum. Bei schweren Maschinen empfehlen sich Abstände von 6 bis 7,6 Metern zwischen den Reihen [s17]. Für Obstarten mit Windbestäubung ist die vorherrschende Windrichtung ein wichtiger Planungsfaktor [s18]. Pollenspenderbäume sollten windaufwärts von den Hauptertragsbäumen gepflanzt werden. Ein bewährtes Verhältnis ist ein Pollenspender auf 8-10 Hauptertragsbäume. Die Wahl zwischen engen oder weiten Pflanzabständen hat weitreichende Konsequenzen [s19]. Enge Abstände führen zu frühen Erträgen und hoher Flächenproduktivität, erfordern aber intensivere Pflege und regelmäßigen Schnitt. Weite Abstände reduzieren den Pflegeaufwand, bedeuten aber geringere Anfangserträge. Als Kompromiss hat sich bei vielen Obstarten ein Abstand vom 6- bis 10-fachen der erwarteten Baumhöhe bewährt. Innovative Ansätze kombinieren verschiedene Obstarten in Mischreihen [s16]. Dies erhöht die biologische Vielfalt und verteilt das

Ernterisiko. Wichtig ist dabei die Auswahl von Arten mit komplementären Wachstumszyklen und ähnlichen Pflegeansprüchen.

Wurzelkonkurrenz [i2]

Die Wurzelkonkurrenz zwischen den Bäumen sollte ebenfalls bedacht werden [s16]. Eine gezielte Bodenbearbeitung und der Einsatz von Wurzelbarrieren können helfen, die Konkurrenz zu minimieren. Praktischer Tipp: Installieren Sie Wurzelbarrieren beim Pflanzen - nachträgliches Einbringen ist kaum möglich. Bei der Neuanlage einer Obstplantage empfiehlt es sich, zunächst einen detaillierten Pflanzplan zu erstellen. Dieser sollte neben den Pflanzabständen auch Wendebereiche für Maschinen, Bewässerungssysteme und eventuelle Windschutzstreifen berücksichtigen. Ein maßstabsgetreuer Plan hilft, spätere Probleme zu vermeiden. Die Höhenbegrenzung der Bäume auf etwa 4,3 Meter erleichtert Pflege und Ernte erheblich [s17]. Dies lässt sich durch regelmäßigen Schnitt und die Wahl geeigneter Unterlagen erreichen. Bedenken Sie: Je höher die Bäume, desto aufwändiger und teurer werden alle Pflegemaßnahmen.

1. 1. 4. Drainage und Bewässerungssysteme

Eine effektive Drainage und durchdachte Bewässerung sind fundamentale Voraussetzungen für eine erfolgreiche Obstanlage. Besonders wichtig ist dabei die Vermeidung von Staunässe, die zu schwerwiegenden Wurzelschäden führen kann. Bei der Standortvorbereitung sollte daher besonderes Augenmerk auf die natürliche Wasserbewegung im Boden gelegt werden [s20]. Für Standorte mit schwerer Drainage empfiehlt sich der Bau von Hochbeeten oder erhöhten Pflanzreihen. Diese können durch gezielten Bodenabtrag und -auftrag modelliert werden, wobei eine Höhe von 30-40 cm über dem ursprünglichen Bodenniveau anzustreben ist [s20]. In der Praxis hat sich bewährt, die Hochbeete trapezförmig anzulegen, mit einer oberen Breite von mindestens 1,5 Metern für eine einzelne Baumreihe. Terrassierung stellt eine weitere effektive Methode dar, um die Drainage zu optimieren - selbst auf Böden mit guter natürlicher Durchlässigkeit [s21]. Bei der Anlage von Terrassen sollte ein leichtes Gefälle von 1-2% in Längsrichtung eingehalten werden, um Oberflächenwasser gezielt abzuleiten. Die Terrassenbreite richtet sich dabei nach der gewählten Pflanzweite und dem eingesetzten Maschinenpark.

Die Bewässerungsplanung muss den maximalen täglichen Wasserbedarf der Bäume berücksichtigen [s21]. Moderne Tropfbewässerungssysteme haben sich dabei als besonders effizient erwiesen. Sie ermöglichen eine präzise Wasserverteilung direkt im Wurzelbereich und minimieren Verdunstungsverluste. Pro Baum sollten mindestens zwei Tropfer installiert werden, idealerweise beidseitig im Abstand von 30-40 cm vom Stamm. Ein innovativer Ansatz ist die Integration der Bewässerungsanlage in ein Frostschutzsystem [s22]. Durch Beregnung während Frostperioden kann eine schützende Eisschicht auf Blüten und jungen Früchten erzeugt werden. Dies erfordert allerdings eine entsprechende Dimensionierung der Wasserversorgung, da während der Frostschutzberegnung kontinuierlich Wasser ausgebracht werden muss. Bei der Bodenvorbereitung ist eine Tiefenlockerung essentiell [s23]. Verdichtete Bodenschichten müssen mit einem Unterpflug aufgebrochen werden, um

Tropfbewässerungssystem [i3]

eine optimale Wurzelentwicklung zu ermöglichen. Die Lockerungstiefe sollte dabei mindestens 60-80 cm betragen. Besonders wichtig ist dies in Regionen mit häufigen Starkregenereignissen oder Hurrikangefährdung. Hügelige Standorte bieten oft natürliche Vorteile für die Drainage [s24]. Die erhöhte Luftbewegung fördert die Abtrocknung und reduziert das Risiko von Blattkrankheiten. Bei der Erschließung solcher Standorte muss jedoch darauf geachtet werden, dass die Bewässerungsinfrastruktur dem erhöhten Druck durch Höhenunterschiede gewachsen ist. Die historische Nutzung des Standorts sollte bei der Planung von Drainage- und Bewässerungssystemen berücksichtigt werden [s20]. Frühere Probleme mit Bodenverdichtung oder Staunässe können wertvolle Hinweise für notwendige Meliorationsmaßnahmen liefern. Eine mindestens zehnjährige Vorgeschichte ohne Obstbau reduziert zudem das Risiko bodenbürtiger Krankheitserreger [s24]. Für eine nachhaltige Bewirtschaftung empfiehlt sich die Installation von Grundwasserbeobachtungsrohren. Diese ermöglichen eine kontinuierliche Überwachung des Grundwasserspiegels und erlauben frühzeitiges Eingreifen bei kritischen Wasserständen. Als Faustregel gilt: Der Grundwasserspiegel sollte mindestens 1 Meter unter der Hauptwurzelzone liegen.

Glossar

Meliorationsmaßnahmen
Technische und biologische Verfahren zur langfristigen Verbesserung der Bodeneigenschaften, wie zum Beispiel Kalkung, Tiefenlockerung oder Humusanreicherung

Trapezform
Geometrische Form mit zwei parallelen, unterschiedlich langen Seiten und zwei schrägen Verbindungslinien, die bei Hochbeeten für bessere Stabilität und optimale Wasserverteilung sorgt

Zusammenfassung - 1. 1. Standortwahl und Bodenvorbereitung

- Obstbäume benötigen mindestens 35% Lichtinterzeption für die Blütenbildung.
- Kalte Luft sollte an leicht geneigten Hängen abfließen können, um Spätfrostschäden zu vermeiden.
- Schon 7-10 Tage Staunässe können zu fatalen Wurzelschäden führen.
- Die erste Bodenanalyse sollte 1,5 Jahre vor der Pflanzung erfolgen.
- Die Bodenuntersuchung wird in drei Tiefenschichten durchgeführt: 0-20 cm, 20-40 cm, 40-60 cm.
- Pro 100 Quadratmeter sollten 2-3 Kubikmeter organisches Material eingearbeitet werden.
- In modernen Intensivobstanlagen beträgt der Abstand zwischen Bäumen etwa 90 cm und zwischen Reihen 3,5-4 m.
- Ein Pollenspender wird für 8-10 Hauptertragsbäume benötigt.
- Die empfohlene Baumhöhenbegrenzung liegt bei 4,3 Metern für effiziente Pflege.
- Hochbeete sollten trapezförmig mit mindestens 1,5 Meter oberer Breite angelegt werden.
- Terrassen benötigen ein Längsgefälle von 1-2% für optimale Drainage.
- Der Grundwasserspiegel sollte mindestens 1 Meter unter der Hauptwurzelzone liegen.
- Die Tiefenlockerung des Bodens muss 60-80 cm erreichen.

1. 2. Pflanzung und Veredelung

Die erfolgreiche Pflanzung und Veredelung von Obstbäumen wirft viele grundlegende Fragen auf: Welche Wurzelunterlage eignet sich für meinen Standort? Wann ist der optimale Zeitpunkt für die Pflanzung? Und wie stelle ich sicher, dass die Veredelung auch tatsächlich gelingt? Die Antworten darauf sind entscheidend für das langfristige Gedeihen der Bäume. Während die Wahl der richtigen Unterlage die spätere Wuchshöhe und Vitalität bestimmt, hängt der Pflanzungserfolg maßgeblich vom Zeitpunkt und der korrekten Technik ab. Die Veredelung wiederum erfordert präzises Handwerk und fundiertes Wissen über die Kompatibilität verschiedener Sorten. Die folgenden Abschnitte zeigen Schritt für Schritt, worauf es bei diesen elementaren Techniken des Obstbaus ankommt - von der Auswahl des passenden Materials bis zur erfolgreichen Durchführung.

> *„Die Veredelungsstelle sollte bei der späteren Pflanzung etwa eine Handbreit über dem Boden liegen, um ein Einwurzeln der Edelsorte zu verhindern.“*

1. 2. 1. Wurzelunterlage und Sortenwahl

Die Wahl der richtigen Wurzelunterlage und Sorte ist fundamental für den langfristigen Erfolg eines Obstbaums [s25]. Diese Entscheidung beeinflusst nicht nur die spätere Baumgröße und Wuchsform, sondern auch wesentliche Eigenschaften wie Krankheitsresistenz, Ertrag und Fruchtqualität [s26]. Bei der Auswahl der Wurzelunterlage sollten zunächst die örtlichen Gegebenheiten berücksichtigt werden. In Regionen mit häufigem Frost sind beispielsweise nur winterharte Unterlagen geeignet [s25]. Für Standorte mit schwierigen Bodenverhältnissen, etwa bei Staunässe, existieren spezielle tolerante Unterlagen [s27]. Ein praktisches Beispiel: Für einen kleinen Hausgarten bietet sich eine verkleinernde Unterlage an, die einen kompakten Baum von etwa 2-3 Metern Höhe hervorbringt. Dies erleichtert Pflege und Ernte erheblich. Die Kompatibilität zwischen Unterlage und Edelsorte ist entscheidend für das Gelingen der Veredelung [s28]. Dabei gilt grundsätzlich: Nur eng verwandte Pflanzen können erfolgreich miteinander veredelt werden [s29]. Bei Steinobst ist besondere Vorsicht geboten, da hier häufiger Unverträglichkeiten auftreten können [s25]. Ein konkretes Beispiel aus der Praxis: Bei Süßkirschen hat sich die Unterlage GiSelA 5 als sehr kompatibel mit vielen Sorten erwiesen [s30]. Die Bildung einer erfolgreichen Veredelungsverbindung erfordert mehrere Faktoren: Einen präzisen kambialen Kontakt, Schutz vor Austrocknung und ausreichenden Druck an der Veredelungsstelle [s26]. Biochemische Prozesse spielen dabei eine wichtige Rolle - insbesondere der Zuckergehalt im Gewebe beeinflusst die Verwachsung positiv [s28]. Für die Sortenwahl sind verschiedene Kriterien zu beachten: Neben der gewünschten Fruchtqualität sollten auch Aspekte wie Krankheitsresistenz und Ertragssicherheit berücksichtigt werden [s26]. In mediterranen Regionen haben sich beispielsweise Hybridsorten bewährt, die besonders trockenheitstolerant sind [s27].

Die Wurzelunterlage bestimmt maßgeblich die spätere Baumgröße. Man unterscheidet zwischen Zwerg-, Halbzwerg- und Standardunterlagen [s25]. Ein praktischer Tipp: Zwergunterlagen tragen zwar früher Früchte, benötigen aber oft eine dauerhafte Stützvorrichtung aufgrund ihres schwächeren Wurzelsystems. Morphologische und biochemische Merkmale geben Aufschluss über die Veredelungsverträglichkeit. Dazu gehören die Anzahl der Blätter, Chlorophyllwerte sowie der Phenolgehalt [s28]. Bei der Veredelung selbst sollte ausschließlich einjähriges, gesundes Edelreiserholz verwendet werden, das bis zur Verwendung kühl gelagert wird [s26]. Ein wichtiger praktischer Aspekt ist die Pflanztiefe: Die Veredelungsstelle sollte bei der späteren Pflanzung etwa eine Handbreit über dem Boden liegen, um ein Einwurzeln der Edelsorte zu verhindern [s25]. Bei schwach wachsenden Unterlagen empfiehlt sich zusätzlich das Anbringen einer permanenten Stütze. Die Wahl der richtigen Kombination aus Unterlage und Sorte ist auch für die Prävention von Krankheiten bedeutsam. Resistente Unterlagen können effektiv gegen Neupflanzkrankheiten schützen [s31]. In der Praxis hat sich bewährt, vor der endgültigen Entscheidung die lokalen Erfahrungen von Baumschulen oder Obstbauern einzuholen.

NORTHWESTERN GREENING
YELLOW DELICIOUS
NUGGET
SPUR TYPE YELLOW DELICIOUS
SUNGOLD
MACOUN
RICHARED DELICIOUS
DOUBLE RED DELICIOUS

Zwergunterlagen [i4]

Glossar

Chlorophyll
Grüner Pflanzenfarbstoff, der für die Photosynthese essentiell ist und dessen Menge die Vitalität der Pflanze anzeigt

Hybrid
Durch gezielte Kreuzung verschiedener Elternpflanzen entstandene neue Pflanzensorte mit gewünschten Eigenschaften

Kambium
Eine dünne Wachstumsschicht zwischen Holz und Rinde, die für das Dickenwachstum des Baumes verantwortlich ist

Phenol
Natürliche chemische Verbindungen in Pflanzen, die unter anderem als Abwehrstoffe gegen Schädlinge dienen

1. 2. 2. Pflanzzeiten und Techniken

Die optimale Pflanzzeit für Obstbäume liegt in der Vegetationsruhe zwischen spätem Herbst und zeitigem Frühjahr [s32]. Diese Phase bietet ideale Bedingungen für das Anwachsen, da die Bäume ihre Energie hauptsächlich in die Wurzelbildung investieren können. Ein praktischer Tipp für Hobbygärtner: Sobald das Laub gefallen ist und der Boden noch nicht gefroren, können Sie mit der Pflanzung beginnen. Bei der Pflanzung selbst ist die richtige Technik entscheidend für den späteren Erfolg. Das Pflanzloch sollte großzügig bemessen sein - als Faustregel gilt: doppelt so breit wie der Wurzelballen [s33]. In der Praxis hat sich bewährt, den Boden im Pflanzloch gut zu lockern und mit reifem Kompost anzureichern. Achten Sie besonders darauf, dass keine Hohlräume zwischen den Wurzeln entstehen, indem Sie die Erde vorsichtig andrücken und ausreichend wässern. Die verschiedenen Veredelungstechniken werden je nach Jahreszeit und Zweck eingesetzt. Die Kopulation erfolgt im Winter oder frühen Frühjahr [s34], während die Okulation (Knospenveredelung) typischerweise im Spätsommer durchgeführt wird, wenn sich die Rinde leicht löst [s35]. Ein besonders anschauliches Beispiel ist die Spaltveredelung: Sie wird im späten Winter durchgeführt, wobei das Edelreis in einen Spalt des Unterstammes eingesetzt wird. Diese Technik eignet sich besonders gut für die Umveredelung älterer Bäume. Für die erfolgreiche Veredelung ist die Verwendung von qualitativ hochwertigem Veredelungsholz essentiell. Dieses sollte einjährig und etwa bleistiftstark sein [s36]. In der Praxis bewährt sich folgende Vorgehensweise: Schneiden Sie das Edelreis schräg an und achten Sie auf einen sauberen, glatten Schnitt. Die Verwendung von Veredelungsbändern und Baumwachs schützt die Veredelungsstelle vor Austrocknung [s37]. Nach der Pflanzung ist die Etablierungspflege von großer Bedeutung. Eine Mulchschicht aus organischem Material schützt die Wurzeln, hält Feuchtigkeit und unterdrückt Unkraut [s32]. Für die optimale Entwicklung junger Bäume empfiehlt sich die Installation eines Bewässerungssystems [s33], besonders in Regionen mit unregelmäßigen Niederschlägen. Das sogenannte Top-Grafting, also die Umveredelung bestehender Bäume, bietet interessante Möglichkeiten zur Sortenerweiterung. Diese Technik wird im Frühjahr durchgeführt, kurz bevor das neue Wachstum beginnt [s38]. Ein großer Vorteil dieser Methode ist die schnellere Fruchtbildung, da das etablierte Wurzelsystem genutzt werden kann. Regelmäßige Kontrollen im Frühjahr sind wichtig, um unerwünschte Triebe der Unterlage frühzeitig zu erkennen und zu entfernen [s39]. Diese "Wildtriebe" können sonst Wasser und Nährstoffe von der veredelten Sorte abziehen. Ein praktischer Hinweis: Schneiden Sie diese Triebe möglichst nah am Stamm ab, ohne dabei die Rinde zu verletzen. Die Verwendung von Astspreizern in den ersten Jahren nach der Pflanzung fördert optimale Astwinkel von 45-60 Grad [s32]. Dies verbessert nicht nur die Stabilität der Krone, sondern auch die spätere Fruchtproduktion. Beachten Sie dabei: Die Spreizer sollten angebracht werden, solange die Äste noch biegsam sind.

Pflanzzeit [i5]

Glossar

Edelreis

Ein ausgewählter einjähriger Trieb einer gewünschten Obstsorte, der zur Vermehrung durch Veredelung verwendet wird. Das Reis enthält mehrere Knospen, aus denen sich später die neue Krone entwickelt.

Kopulation

Eine Veredelungsmethode, bei der zwei gleich starke Pflanzenteile schräg angeschnitten und passgenau miteinander verbunden werden. Die Schnittflächen müssen dabei exakt übereinstimmen, um ein optimales Verwachsen zu ermöglichen.

Okulation

Eine präzise Veredelungstechnik, bei der eine einzelne Knospe unter die Rinde des Unterstammes eingeschoben wird. Diese Methode wird besonders bei der Rosenveredelung und bei jungen Obstbäumen eingesetzt.

Top-Grafting

Eine spezielle Veredelungstechnik für die Kronenverjüngung oder Sortenwechsel bei älteren Obstbäumen, bei der mehrere neue Sorten auf einen bestehenden Baum veredelt werden können.

1. 2. 3. Veredelungsmethoden

Die Veredelungsmethoden haben sich über Jahrhunderte entwickelt und bilden heute das Fundament des modernen Obstbaus. Jede Technik hat ihre spezifischen Vor- und Nachteile sowie optimale Anwendungszeitpunkte [s40]. Eine der traditionellsten Methoden ist die Wurzelveredelung, bei der Triebe direkt auf ausgegrabene Wurzeln veredelt werden [s41]. Diese Technik erfordert besondere Sorgfalt und Erfahrung, da Wurzeln oft schwieriger zu veredeln sind als oberirdische Pflanzenteile. In der Praxis sollten Sie dabei besonders auf saubere Schnittflächen achten und die Veredelungsstelle gut mit Baumwachs verschließen, um ein Austrocknen zu verhindern. Die Top-Wedge- oder Spaltveredelung hat sich besonders bei tropischen Obstbäumen bewährt [s42]. Bei dieser Methode wird der Unterstamm horizontal abgeschnitten und gespalten, um das keilförmig zugeschnittene Edelreis einzusetzen. Ein praktischer Tipp aus der Erfahrung: Verwenden Sie bei dieser Technik möglichst Edelreiser mit gleichem Durchmesser wie der Unterstamm, um eine optimale Verwachsung zu gewährleisten. Moderne Entwicklungen in der Vermehrungstechnik umfassen auch die Verwendung von Stecklingen und Gewebekulturen für die Unterlagenproduktion [s40]. Diese Methoden ermöglichen zwar die Erzeugung genetisch identischer Wurzelstöcke, führen aber zu einer anderen Wurzelarchitektur als bei samenvermehrten Unterlagen. In der Praxis bedeutet dies: Achten Sie bei der Verwendung solcher Unterlagen besonders auf eine gute Verankerung im Boden und installieren Sie gegebenenfalls zusätzliche Stützpfähle. Ein vielversprechender Ansatz zur Verbesserung des Anwachserfolgs ist die Inokulation mit mykorrhizalen Pilzen [s43]. Diese symbiotischen Organismen unterstützen die Nährstoffaufnahme und können das Wachstum der veredelten Bäume deutlich fördern. Als praktische Empfehlung: Mischen Sie beim Pflanzen spezielle Mykorrhiza-Präparate in das Pflanzloch ein. Die Kompatibilität zwischen Unterlage und Edelreis bleibt trotz aller Fortschritte eine Herausforderung [s43]. Nicht alle Kombinationen führen zu erfolgreichen Verwachsungen, weshalb in der Praxis oft mehrere Veredelungen pro Unterlage vorgenommen werden. Ein bewährter Ansatz ist es, zunächst mit einer kleinen Anzahl von Veredelungen zu experimentieren, bevor man größere Mengen veredelt. Bei der vegetativen Vermehrung tropischer Obstbäume hat sich die Klonierung als effektive Methode etabliert [s42]. Diese Technik gewährleistet die Beibehaltung erwünschter genetischer Eigenschaften. Für Hobbygärtner empfiehlt sich dabei: Wählen Sie für erste Versuche robuste Sorten und arbeiten Sie unter optimalen Bedingungen - idealerweise bei bedecktem Himmel und moderaten Temperaturen. Die Qualität der verwendeten Werkzeuge spielt eine entscheidende Rolle für den Erfolg der Veredelung. Verwenden Sie ausschließlich scharfe, saubere Veredelungsmesser und desinfizieren Sie diese regelmäßig zwischen den einzelnen Schnitten. Ein praktischer Tipp: Halten Sie mehrere Ersatzklingen bereit, um immer mit optimal scharfem Werkzeug arbeiten zu können.

Glossar

Inokulation
Gezielte Einbringung von nützlichen Mikroorganismen in den Wurzelbereich einer Pflanze zur Verbesserung des Wachstums

Klonierung
Erzeugung genetisch identischer Pflanzen aus einer Mutterpflanze, um bestimmte Eigenschaften zu erhalten

Mykorrhiza
Ein natürliches System aus Pilzen, das mit Pflanzenwurzeln in Symbiose lebt und den Nährstoff- und Wasseraustausch um ein Vielfaches verbessert

Zusammenfassung - 1. 2. Pflanzung und Veredelung

- Die Kompatibilität zwischen Unterlage und Edelsorte bestimmt maßgeblich den Veredelungserfolg bei Obstbäumen
- Biochemische Prozesse und der Zuckergehalt im Gewebe beeinflussen die Verwachsung positiv
- Chlorophyllwerte und Phenolgehalt geben Aufschluss über die Veredelungsverträglichkeit
- Bei Steinobst treten häufiger Unverträglichkeiten zwischen Unterlage und Edelreis auf
- Die GiSelA 5 Unterlage zeigt besonders gute Kompatibilität mit vielen Süßkirschensorten
- Hybridsorten haben sich in mediterranen Regionen als trockenheitstolerant bewährt
- Die Kopulation erfolgt im Winter/Frühjahr, während die Okulation typischerweise im Spätsommer durchgeführt wird
- Top-Grafting ermöglicht durch Nutzung etablierter Wurzelsysteme eine schnellere Fruchtbildung
- Die Wurzelveredelung erfordert besondere Sorgfalt, da Wurzeln schwieriger zu veredeln sind
- Die Inokulation mit mykorrhizalen Pilzen kann den Anwachserfolg deutlich verbessern
- Die Top-Wedge Veredelung hat sich besonders bei tropischen Obstbäumen etabliert
- Stecklinge und Gewebekulturen führen zu einer anderen Wurzelarchitektur als samenvermehrte Unterlagen

1. 3. Baumformen und Erziehungssysteme

Die Wahl der richtigen Baumform und des passenden Erziehungssystems gehört zu den grundlegendsten Entscheidungen im Obstbau. Doch welche Faktoren beeinflussen diese Wahl? Wie wirken sich verschiedene Erziehungsformen auf Wachstum, Ertrag und Pflegeaufwand aus? Von der klassischen Hochstammkultur bis zu modernen Spindelsystemen hat sich die Obstbaumerziehung stetig weiterentwickelt. Dabei spielen nicht nur wirtschaftliche Aspekte eine Rolle, sondern auch die verfügbare Fläche, der gewünschte Pflegeaufwand und die spezifischen Standortbedingungen. Die Kenntnis der verschiedenen Baumformen und ihrer Charakteristika ermöglicht es, für jeden Zweck das optimale Erziehungssystem zu wählen. Die folgenden Abschnitte bieten einen detaillierten Einblick in die wichtigsten Baumformen und Erziehungssysteme – von traditionellen Methoden bis zu innovativen Anbaukonzepten.

> *„Die Spindel und schlanke Spindel haben sich als moderne Erziehungsformen im intensiven Obstbau etabliert und zeichnen sich durch einen durchgehenden Mitteltrieb aus, von dem die Seitentriebe pyramidenförmig nach außen wachsen."*

1. 3. 1. Spindel und Schlanke Spindel

Die Spindel und insbesondere die schlanke Spindel haben sich als moderne Erziehungsformen im intensiven Obstbau etabliert. Diese Systeme zeichnen sich durch einen durchgehenden Mitteltrieb (Stammverlängerung) aus, von dem die Seitentriebe pyramidenförmig nach außen wachsen [s44]. Die Grundform erinnert dabei an einen Tannenbaum, wobei die unteren Äste länger sind als die oberen. Bei der schlanken Spindel wird besonderer Wert auf eine schmale, konische Form gelegt. Die Bäume benötigen dabei zwingend eine Unterstützung durch einen stabilen Holzpfahl, der mindestens 2,5 Meter über dem Boden herausragen sollte [s45]. Diese Stütze verhindert ein Umkippen bei Fruchtbehang und ermöglicht die charakteristische schlanke Form. Die Pflanzabstände sind bei diesem System relativ eng: In der Reihe werden meist 0,8 bis 1,2 Meter empfohlen, zwischen den Reihen 3 bis 3,5 Meter [s46]. Dies ermöglicht eine hohe Pflanzdichte von bis zu 3000 Bäumen pro Hektar. Um Beschattungsprobleme zu vermeiden, sollte die Baumhöhe auf etwa 80-90% des Reihenabstands begrenzt werden [s47]. Bei 3 Meter Reihenabstand bedeutet dies eine maximale Höhe von etwa 2,5 Meter. Ein wesentliches Merkmal der schlanken Spindel ist das Konzept der temporären Äste. Anders als bei klassischen Kronenformen werden hier alle Seitenäste als vorübergehend betrachtet [s47]. Sobald ein Ast zu stark wird oder sich zu weit vom Stamm entfernt, wird er auf einen schwächeren Seitentrieb zurückgeschnitten oder ganz entfernt. Dies verhindert eine zu starke Beschattung und erhält die konische Form. Für den Erziehungsschnitt gilt folgende praktische Faustregel: Die untersten Seitenäste sollten maximal einen Durchmesser von etwa einem Drittel des Stammdurchmessers erreichen. Nach oben hin werden die Äste zunehmend schwächer. Wird ein Ast zu dick, schneidet man ihn auf einen schwächeren Seitentrieb zurück oder entfernt ihn komplett [s45]. Dabei sollte der Schnitt möglichst dicht am Stamm erfolgen, um eine gute Wundheilung zu ermöglichen. Die Fruchtastzone beginnt idealerweise etwa 60 cm über dem Boden. Die Seitentriebe werden anfangs waagerecht gebunden, um das vegetative Wachstum zu bremsen und die Bildung von Blütenknospen zu fördern [s44]. Mit zunehmendem Alter und Fruchtbehang senken sich die Äste von selbst ab. Ein besonderer Vorteil der schlanken Spindel ist der frühe Ertragsbeginn. Durch die verwendeten schwachwüchsigen Unterlagen und die intensive Pflanzung können bereits im dritten oder vierten Standjahr nennenswerte Erträge erzielt werden [s46]. Die kompakte Baumform ermöglicht zudem eine effiziente Baumpflege und Ernte vom Boden aus. Für die erfolgreiche Kultur ist die richtige Unterlagenwahl entscheidend. Bei Äpfeln haben sich besonders schwachwüchsige Unterlagen wie M9 bewährt [s45]. Bei Kirschen kommen Gisela 5 oder 6 in Frage, bei Pflaumen St. Julien A. Der Winterschnitt konzentriert sich auf das Entfernen zu starker Äste und das Auslichten zu dichter Bereiche. Dabei wird von oben nach unten gearbeitet. Konkurrenztriebe zur Stammverlängerung werden entfernt oder stark eingekürzt [s44]. Im Sommer beschränkt sich der Schnitt auf das Entfernen stark nach oben wachsender Triebe und das Auslichten zu dichter Partien. Eine Weiterentwicklung stellt die "Super Schlanke Spindel" dar, bei der noch engere Pflanzabstände von 0,5 bis 0,8 Meter in der Reihe verwendet werden [s48]. Dies ermöglicht Pflanzdichten von bis zu 5000 Bäumen pro Hektar. Die Bäume werden dabei noch konsequenter schlank erzogen und bleiben meist unter 2 Meter Höhe.

Glossar

Super Schlanke Spindel
Eine besonders intensive Anbauform, die in den 1990er Jahren in den Niederlanden entwickelt wurde und sich durch extrem schmale Baumkronen auszeichnet.

1. 3. 2. Hochstamm und Halbstamm

Hochstämme und Halbstämme repräsentieren zwei klassische Baumformen im Obstbau, die sich vor allem durch ihre Stammhöhe und ihren Verwendungszweck unterscheiden. Hochstämme zeichnen sich durch einen geraden, astfreien Stamm von mindestens 1,75 Metern aus [s49] und finden sich traditionell in extensiv bewirtschafteten Streuobstwiesen. Diese imposanten Bäume entwickeln mit der Zeit eine ausladende Krone [s50] und prägen damit nicht nur die Kulturlandschaft, sondern bieten auch wichtigen Lebensraum für viele Tierarten. Im Gegensatz dazu weisen Halbstämme einen deutlich kürzeren Stamm von etwa 80 Zentimetern bis 1,20 Metern auf [s49]. Diese moderatere Wuchsform macht sie besonders attraktiv für private Gartenbesitzer, da Pflege- und Erntearbeiten wesentlich einfacher durchzuführen sind [s51]. Bei der Anlage eines Obstgartens sollte man beachten, dass Halbstämme in der Regel auf schwachwüchsigeren Unterlagen veredelt werden, was sich positiv auf die Pflegeleichtigkeit auswirkt. Für die erfolgreiche Kultur von Hochstämmen ist die Standortwahl entscheidend. Sie benötigen ausreichend Platz für ihre ausladende Krone und sollten nicht in der Nähe von Gebäuden oder anderen Hindernissen gepflanzt werden. Als Faustregel gilt: Der Pflanzabstand sollte mindestens der zu erwartenden Kronendurchmesser entsprechen. Bei der Pflanzung eines Hochstammes ist es wichtig, einen stabilen Pflanzpfahl zu setzen, der mindestens bis in die Krone reicht, um dem jungen Baum in den ersten Jahren Halt zu geben. Die Kronenentwicklung bei Halbstämmen folgt ähnlichen Prinzipien wie bei der Buscherziehung, wobei ein offenes Zentrum angestrebt wird [s52]. Dies fördert die Belichtung im Kroneninneren und erleichtert den Zugang bei Pflegearbeiten. Bei der Kronenerziehung sollten 3-4 kräftige Leitäste in einem Winkel von etwa 45 Grad zum Stamm ausgewählt werden. Diese bilden das Grundgerüst der späteren Krone. Eine besondere Form des Halbstammes stellt der Cordon-Baum dar [s50]. Diese platzsparende Variante eignet sich hervorragend für kleine Gärten oder zur Gestaltung von Grundstücksgrenzen. Die Bäume werden dabei in einer vertikalen Linie gezogen, wodurch sie wenig Platz in der Breite beanspruchen. Die Früchte sind bei dieser Erziehungsform besonders gut zugänglich. Für den Schnitt von Hochstämmen empfiehlt sich die Verwendung einer Obstbaumleiter mit breitem Stand und einer Stütze, die im Kronenbereich angelegt werden kann. Der Schnitt sollte sich in den ersten Jahren auf das Notwendigste beschränken und hauptsächlich der Kronenformung dienen. Bei älteren Hochstämmen liegt der Fokus auf der Erhaltung einer lichten Krone und der Entfernung von krankem oder abgestorbenem Holz. Halbstämme erfordern einen regelmäßigeren Schnitt, da sie durch ihre geringere Höhe intensiver gepflegt werden können. Hier sollte besonders auf eine ausgewogene Kronenform geachtet werden, bei der sich keine zu dominanten Äste entwickeln. Ein jährlicher Erhaltungsschnitt im späten Winter oder zeitigen Frühjahr ist bei dieser Baumform üblich. Die Wahl zwischen Hochstamm und Halbstamm sollte sich nach den individuellen Bedürfnissen und Möglichkeiten richten [s51]. Während Hochstämme mehr Platz benötigen und schwieriger zu pflegen sind, bieten sie durch ihre Größe auch ökologische Vorteile. Halbstämme hingegen eignen sich besser für kleinere Gärten und ermöglichen eine komfortablere Pflege und Ernte.

Glossar

Cordon-Baum
Eine französische Obstbaumerziehungsform, bei der die Äste horizontal oder schräg an Drähten gezogen werden, ursprünglich entwickelt für die intensive Obstproduktion in königlichen Gärten

extensiv
Eine Form der Bewirtschaftung mit geringem Einsatz von Betriebsmitteln und Arbeitsaufwand, die auf natürliche Prozesse setzt und weniger Eingriffe erfordert

Streuobstwiese
Eine traditionelle Form der Landnutzung, bei der hochstämmige Obstbäume in unregelmäßigen Abständen auf Grünland verteilt sind, was eine doppelte Nutzung als Weide und Obstanbaufläche ermöglicht

1. 3. 3. Spalierobst

Spalierobst stellt eine besonders platzsparende und ästhetisch ansprechende Form der Obstbaumerziehung dar, bei der die Bäume zweidimensional an einer Wand oder einem Drahtgerüst gezogen werden [s53]. Diese traditionelle Technik erlebt heute besonders in kleinen Gärten eine Renaissance, da sie nicht nur Platz spart, sondern auch optimale Bedingungen für die Fruchtentwicklung schafft. Die Standortwahl spielt bei der Spalierobsterziehung eine entscheidende Rolle. Ideal sind süd- oder westexponierte Wände, die ausreichend Sonnenlicht bieten und gleichzeitig Schutz vor rauen Winden gewähren [s54]. Der Boden sollte gut drainiert sein, um Staunässe zu vermeiden. Bei der Pflanzung ist ein Mindestabstand von 30-40 cm zur Wand einzuhalten, damit ausreichend Luftzirkulation gewährleistet ist und die Wurzeln genügend Raum zur Entwicklung haben. Die Unterstützungskonstruktion muss besonders stabil ausgeführt werden, da sie nicht nur das Gewicht der Bäume, sondern auch die Last der Früchte tragen muss. In der Praxis haben sich verzinkte Stahldrähte bewährt, die horizontal in Abständen von etwa 30-40 cm gespannt werden. Die Pfosten sollten mindestens 60 cm tief im Boden verankert und mit Beton gesichert werden [s54], um der Frosthebung zu widerstehen. Ein besonderer Vorteil der Spaliererziehung ist die verbesserte Fruchtqualität. Durch die optimale Sonnenexposition entwickeln die Früchte nicht nur eine intensivere Färbung, sondern werden auch süßer und aromatischer [s53]. Die flache Form ermöglicht zudem eine bessere Luftzirkulation, was das Risiko von Pilzkrankheiten reduziert. Der Schnitt von Spalierobst erfordert besondere Aufmerksamkeit und sollte mindestens dreimal pro Saison erfolgen [s53]. Im Winter wird der Grundschnitt durchgeführt, bei dem die Grundstruktur festgelegt und überzählige oder falsch wachsende Triebe entfernt werden. Im Frühjahr und Sommer folgen weitere Schnittmaßnahmen, um das vegetative Wachstum zu kontrollieren und die gewünschte Form zu erhalten. Für die Spaliererziehung eignen sich besonders Apfel- und Birnbäume, aber auch Pflaumen und Kirschen lassen sich in dieser Form kultivieren. Bei der Sortenwahl sollten vorzugsweise schwach bis mittelstark wachsende Sorten auf schwach wachsenden Unterlagen gewählt werden [s54]. Dies erleichtert die Formierung und reduziert den Schnittaufwand. Eine moderne Variante der Spaliererziehung ist die niederländische Tischmethode [s55], bei der die Bäume horizontal über einem Drahtgerüst gezogen werden. Diese Methode eignet sich besonders gut für kleine Gärten und ermöglicht eine besonders bequeme Pflege und Ernte. Die regelmäßige Kontrolle der Befestigungen ist wichtig, um Einschnürungen zu vermeiden. Dabei sollten die Triebe mit elastischem Material locker angebunden werden, sodass sie mit dem Dickenwachstum mitwachsen können. Besonders in den ersten Jahren nach der Pflanzung ist eine intensive Betreuung erforderlich, um die gewünschte Form zu entwickeln.

Glossar

Spalierobst
Eine historische Obstbauform, die ursprünglich in französischen Klostergärten entwickelt wurde. Der Begriff leitet sich vom lateinischen 'palus' (Pfahl) ab und wurde erstmals im 16. Jahrhundert dokumentiert.

Tischmethode
Ein in den 1960er Jahren in den Niederlanden entwickeltes Erziehungssystem, das ursprünglich für die kommerzielle Apfelproduktion konzipiert wurde und eine Arbeitsersparnis von bis zu 40% gegenüber klassischen Spalierformen ermöglicht.

1. 3. 4. Moderne Anbausysteme

Moderne Anbausysteme im Obstbau haben sich in den letzten Jahrzehnten stark weiterentwickelt und basieren heute auf hocheffizienten, dichteren Pflanzungen mit intensiver Betreuung [s56]. Diese Systeme zielen darauf ab, möglichst früh hohe Erträge zu erzielen und dabei die verfügbare Fläche optimal zu nutzen. Ein Kernmerkmal moderner Anbausysteme ist die deutlich höhere Pflanzdichte von mehr als 150-180 Bäumen pro Acre (etwa 370-445 Bäume pro Hektar) [s56]. Um diese intensive Bewirtschaftung zu ermöglichen, werden spezielle früh tragende Zwergunterlagen eingesetzt, die bereits 2-3 Jahre nach der Pflanzung erste nennenswerte Erträge liefern. Bei der Planung einer modernen Obstanlage sollte besonders auf die optimale Lichtverteilung geachtet werden, da diese maßgeblich die langfristige Produktivität beeinflusst. Die Entwicklung hat sich von rein geometrischen Formen hin zu physiologisch optimierten Erziehungssystemen bewegt [s57]. Dabei spielt die gezielte physische Manipulation der Bäume eine zentrale Rolle. Ein praktisches Beispiel ist das vertikale Achspflanzsystem [s58], bei dem die Hauptäste spiralförmig um einen zentralen Stamm angeordnet werden [s59]. Dies gewährleistet eine optimale Belichtung aller Fruchtäste und vereinfacht Pflegemaßnahmen. Besonders bewährt hat sich in modernen Anlagen das modifizierte Lorette-System [s60]. Hierbei werden die seitlichen Triebe auf drei Blätter und die Seitenäste auf ein Blatt zurückgeschnitten. Diese präzise Schnittführung fördert die Entwicklung gesunder, fruchttragender Triebe und ermöglicht eine sehr gute Kontrolle über das Wachstum. In der Praxis sollte der Schnitt idealerweise im Frühsommer erfolgen, wenn die Triebe etwa 20-25 cm Länge erreicht haben. Ein weiterer wichtiger Trend ist der zunehmende Einsatz mechanischer Schnitttechniken [s57]. Diese steigern die Effizienz erheblich und reduzieren den Arbeitsaufwand. Für kleinere Betriebe empfiehlt sich die Anschaffung hydraulischer Schnittgeräte, die präzise Schnitte auch in größeren Höhen ermöglichen. Bei der Mechanisierung sollte jedoch darauf geachtet werden, dass die Schnittqualität nicht unter der Geschwindigkeit leidet. Die Verwendung von Zwerg- und Halbzwergunterlagen hat die Balance zwischen vegetativem Wachstum und Fruchtproduktion deutlich verbessert [s57]. Bei der Pflanzung sollte man darauf achten, dass die Veredlungsstelle etwa 10-15 cm über dem Boden liegt, um unerwünschtes Wurzelwachstum aus dem Edelreis zu vermeiden. Die Bäume benötigen in modernen Systemen durchgehend eine stabile Unterstützung, meist in Form von Drahtgerüsten oder einzelnen Pfählen. Für die erfolgreiche Umsetzung moderner Anbausysteme ist eine sorgfältige Planung unerlässlich. Die Reihenausrichtung sollte möglichst in Nord-Süd-Richtung erfolgen, um eine optimale Sonnenausnutzung zu gewährleisten. Bewässerung und Nährstoffversorgung müssen präzise gesteuert werden, idealerweise über Tröpfchenbewässerung mit der Möglichkeit zur Fertigation. Die intensive Bewirtschaftung erfordert ein hohes Maß an Fachwissen und kontinuierliche Beobachtung. Regelmäßige Kontrollen des Wuchsverhaltens, der Fruchtentwicklung und möglicher Krankheiten oder Schädlinge sind unerlässlich. Moderne Monitoring-Systeme, wie Wetterstationen und digitale Erfassungstools, können dabei helfen, rechtzeitig auf Veränderungen zu reagieren.

Glossar

Fertigation
Eine Bewässerungsmethode, bei der Düngemittel direkt über das Bewässerungssystem ausgebracht werden. Dies ermöglicht eine präzise und automatisierte Nährstoffversorgung der Pflanzen.

Lorette-System
Ein aus Frankreich stammendes Schnittsystem, das ursprünglich für Birnen entwickelt wurde. Es basiert auf der regelmäßigen Verjüngung von Fruchtholz durch kurze Rückschnitte.

Zusammenfassung - 1. 3. Baumformen und Erziehungssysteme

- Die Spindel und schlanke Spindel ermöglichen Pflanzdichten bis zu 3000 Bäume pro Hektar bei Reihenabständen von 3-3,5 Metern.
- Die Baumhöhe sollte auf 80-90% des Reihenabstands begrenzt werden, um Beschattung zu vermeiden.
- Seitenäste sollten maximal ein Drittel des Stammdurchmessers erreichen und werden als temporär betrachtet.
- Die Super Schlanke Spindel ermöglicht mit Pflanzabständen von 0,5-0,8 Metern bis zu 5000 Bäume pro Hektar.
- Hochstämme benötigen einen Pflanzpfahl, der bis in die Krone reicht.
- Der Cordon-Baum ist eine platzsparende Variante des Halbstamms für Grundstücksgrenzen.
- Spalierobst erfordert mindestens drei Schnitte pro Saison und 30-40 cm Wandabstand für ausreichende Luftzirkulation.
- Die niederländische Tischmethode ermöglicht horizontale Spalierzucht über Drahtgerüsten.
- Das modifizierte Lorette-System schneidet Seitentriebe auf drei Blätter und Seitenäste auf ein Blatt zurück.
- Moderne Anbausysteme erreichen mit Zwergunterlagen erste Erträge bereits nach 2-3 Jahren.
- Die Veredlungsstelle sollte 10-15 cm über dem Boden liegen, um unerwünschtes Wurzelwachstum zu vermeiden.

Rückblick - 1. Grundlagen der Obstbaumzucht

- Die Lichtinterzeption muss mindestens 35% betragen für eine erfolgreiche Blütenbildung.
- Kalte Luft sollte durch Anlage an Hängen abfließen können, um Spätfrostschäden zu vermeiden.
- Bereits 7-10 Tage Staunässe können zu fatalen Wurzelschäden führen.
- Der ideale Boden ist sandiger Lehm mit 45-60cm Tiefe über gut drainiertem roten Lehm.
- Eine Bodenanalyse sollte 1,5 Jahre vor der Pflanzung durchgeführt werden.
- Der alkalisch hydrolysierbare Stickstoff gibt Aufschluss über die natürliche Stickstoffnachlieferung.
- Pro 100 Quadratmeter sollten 2-3 Kubikmeter organisches Material eingearbeitet werden.
- Moderne Intensivobstanlagen nutzen Abstände von 90cm zwischen Bäumen und 3,5-4m zwischen Reihen.
- Die Veredelungsstelle sollte eine Handbreit über dem Boden liegen.
- Mykorrhizale Pilze können das Anwachsen und Wachstum deutlich verbessern.
- Die schlanke Spindel erfordert einen Stützpfahl von mindestens 2,5m Höhe.
- Hochstämme benötigen einen astfreien Stamm von mindestens 1,75m.
- Spalierobst sollte 30-40cm Abstand zur Wand haben für ausreichende Luftzirkulation.
- Das Lorette-System schneidet Seitentriebe auf drei Blätter und Seitenäste auf ein Blatt zurück.
- Die Veredlungsstelle sollte in modernen Systemen 10-15cm über dem Boden liegen.

- Mit diesen grundlegenden Kenntnissen ausgestattet, widmen wir uns nun den professionellen Schnitttechniken - der Königsdisziplin der Obstbaumzucht.

2. Professionelle Schnitttechniken

Wie lässt sich ein professioneller Obstbaumschnitt von dilettantischem "Stutzen" unterscheiden? Was macht präzise Schnitttechniken so wichtig für die Gesundheit und Entwicklung der Bäume? Diese Fragen beschäftigen nicht nur Hobbygärtner, sondern auch erfahrene Obstbauern. Der fachgerechte Umgang mit Scheren, Sägen und anderen Schneidwerkzeugen bildet das Fundament für einen erfolgreichen Obstbaumschnitt. Dabei geht es um weit mehr als das bloße Entfernen störender Äste - die richtige Schnittführung entscheidet maßgeblich über Wuchsform, Ertrag und Vitalität der Bäume. Auch die Wundheilung und langfristige Entwicklung hängen direkt von der Qualität der Schnittarbeit ab. Die folgenden Kapitel vermitteln systematisch die wichtigsten Grundlagen und Techniken des professionellen Obstbaumschnitts. Sie lernen nicht nur die richtigen Werkzeuge und deren Pflege kennen, sondern auch die verschiedenen Schnittarten und deren gezielte Anwendung. Mit diesem Wissen werden Sie in der Lage sein, Ihre Obstbäume fachgerecht und nachhaltig zu pflegen.

2. 1. Werkzeuge und Ausrüstung

Wie wählt man die richtigen Werkzeuge für den Obstbaumschnitt? Welche Rolle spielt die richtige Ausrüstung für die Gesundheit der Bäume und die Sicherheit der Ausführenden? Von der Qualität der verwendeten Geräte und deren fachgerechter Anwendung hängt nicht nur das Schnittergebnis ab, sondern auch die langfristige Entwicklung der Obstbäume. Die professionelle Ausrüstung für den Obstbaumschnitt umfasst verschiedene spezialisierte Werkzeuge, Aufstiegshilfen und Sicherheitsausrüstung. Jedes Element erfüllt dabei eine spezifische Funktion und muss entsprechend ausgewählt, gepflegt und eingesetzt werden. Besonders die regelmäßige Wartung der Schneidwerkzeuge ist entscheidend für saubere Schnitte und eine optimale Wundheilung. Die folgenden Abschnitte zeigen detailliert, welche Ausrüstung für welchen Einsatzzweck geeignet ist und wie Sie diese optimal nutzen und pflegen. Mit diesem Wissen können Sie Ihre Obstbäume fachgerecht und sicher in Form bringen.

> *„Bypass-Scheren arbeiten mit zwei sich überkreuzenden Klingen und erzeugen besonders saubere Schnitte, während Amboss-Scheren mit einer scharfen Klinge gegen eine flache Gegenfläche schneiden.“*

2. 1. 1. Scheren und Sägen

Für einen erfolgreichen und schonenden Obstbaumschnitt ist die Wahl der richtigen Werkzeuge von entscheidender Bedeutung. Drei Hauptwerkzeuge haben sich dabei besonders bewährt: Handscheren, Lopper (Astscheren) und Baumsägen [s61]. Jedes dieser Werkzeuge hat seinen spezifischen Einsatzbereich, der sich hauptsächlich nach der Aststärke richtet. Handscheren eignen sich für Äste bis zu einem Durchmesser von etwa 2 cm und kommen bei der Feinarbeit zum Einsatz. Dabei unterscheidet man zwischen zwei grundlegenden Bauarten: Bypass-Scheren (Scheren-Typ) und Amboss-Scheren. Bypass-Scheren arbeiten mit zwei sich überkreuzenden Klingen und erzeugen besonders saubere Schnitte. Amboss-Scheren hingegen schneiden mit einer scharfen Klinge gegen eine flache Gegenfläche und neigen dazu, das Holz etwas zu quetschen [s62]. Für lebende Äste empfiehlt sich daher die Verwendung von Bypass-Scheren, während Amboss-Scheren ihre Stärken bei hartem, totem Holz ausspielen [s63]. Lopper oder Astscheren kommen bei mittleren Aststärken zwischen 2 und 4,5 cm zum Einsatz. Sie verfügen über längere Hebelarme, die das Schneiden dickerer Äste erleichtern [s64]. Auch hier gilt: Bypass-Modelle für lebende Äste, Amboss-Typen für totes Holz. Die Geometrie des Schneidmechanismus ist dabei entscheidend für die Effizienz - besonders die Position des Drehpunkts spielt eine wichtige Rolle [s65]. Moderne Lopper sind oft mit Teleskopgriffen ausgestattet, die das Arbeiten in größeren Höhen ermöglichen [s62].

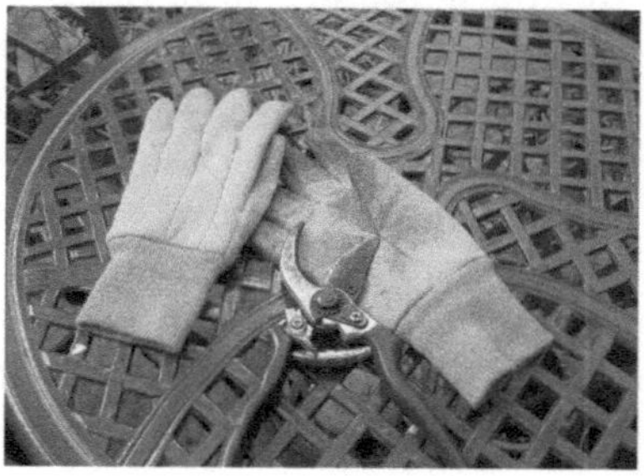

Handscheren [i6]

Lopper [i7]

Für Äste über 5 cm Durchmesser kommen Baumsägen zum Einsatz. Diese gibt es in verschiedenen Ausführungen, von Handsägen mit gebogenen Klingen von 20-38 cm Länge bis hin zu Teleskopsägen für schwer erreichbare Stellen [s66]. Besonders praktisch sind Klappsägen, die sich sicher transportieren lassen [s61]. Die Pflege der Werkzeuge ist essentiell für saubere Schnitte und lange Haltbarkeit. Nach jedem Gebrauch sollten die Klingen gereinigt und mit einem ölgetränkten Tuch abgewischt werden [s67]. Bei der Arbeit an kranken Bäumen ist eine Desinfektion mit Isopropylalkohol oder Bleichlösung zwingend erforderlich [s68]. Moderne Sägeblätter können zwar nicht nachgeschärft werden, Scheren und Lopper profitieren jedoch von regelmäßigem Schleifen mit einem feinen Schärfstein [s63]. Für die praktische Anwendung gilt: Immer das kleinste geeignete Werkzeug wählen und Schnitte möglichst mit der Holzmaserung ausführen [s63]. Bei größeren Ästen empfiehlt sich ein Dreistufenschnitt, um Rindenverletzungen zu vermeiden [s64]. Dabei wird zuerst von unten etwa ein Drittel eingesägt, dann von oben durchgesägt und zuletzt der Aststummel direkt am Astring entfernt. Die Sicherheit steht bei allen Schnittarbeiten an erster Stelle. Schutzhandschuhe sind Pflicht, und besonders beim Sägen ist erhöhte Vorsicht geboten [s68]. Hochwertige Werkzeuge verfügen über Sicherheitsmerkmale wie automatische Verriegelungen [s69] und ergonomische Griffe, die ermüdungsfreies Arbeiten ermöglichen. Professionelle Schnittsets enthalten oft Ersatzteile wie Federn und Klingen sowie Wartungszubehör wie Schärfer und Schmieröl [s69]. Diese Ausstattung ermöglicht es, die Werkzeuge stets in optimalem Zustand zu halten. Besonders in Dürreperioden sollte auf übermäßiges Schneiden verzichtet werden, da dies die Bäume zusätzlich stresst [s68].

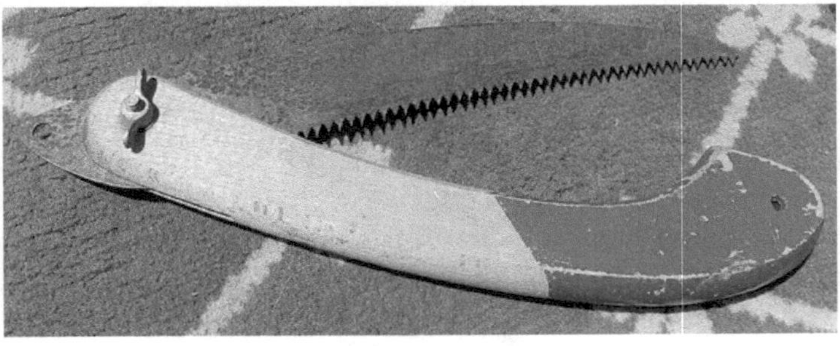

Klappsägen [i8]

Glossar

Amboss-Scheren
Eine Scherenbauart, bei der die Klinge auf eine Metallplatte (den Amboss) trifft. Der Name stammt vom Schmiedeamboss, der ebenfalls als feste Arbeitsfläche dient.

Bypass-Scheren
Eine Scherenbauart mit überkreuzenden Klingen, die wie eine Haushaltsschere funktioniert. Der Name leitet sich vom englischen 'bypass' (vorbeigehen) ab, da die Klingen aneinander vorbeigleiten.

Isopropylalkohol
Eine chemische Verbindung aus der Gruppe der Alkohole, die stark desinfizierend wirkt und schnell verdunstet. Wird auch Propan-2-ol oder 2-Propanol genannt.

Lopper
Der englische Begriff für Astschere hat sich auch im deutschsprachigen Raum etabliert. Die Bezeichnung leitet sich vom englischen Verb 'to lop' (abschneiden, stutzen) ab.

2. 1. 2. Leitern und Arbeitsbühnen

Für den sicheren und effektiven Obstbaumschnitt sind geeignete Aufstiegshilfen unerlässlich. Die Wahl der richtigen Leiter oder Arbeitsbühne richtet sich dabei nach der Baumgröße, dem Gelände und den spezifischen Anforderungen der Schnittarbeiten [s70]. Für Obstbäume haben sich besonders dreibeinige Leitern bewährt, da sie sich durch das dritte Bein optimal an unebenes Gelände anpassen und unter den Bäumen selbststabilisierend wirken [s71]. Diese Spezialausführungen sind in verschiedenen Längen von 2,5 m bis 3,5 m erhältlich [s72]. Wichtig ist dabei zu beachten: Dreibeinige Leitern sollten nie auf glatten, harten Oberflächen wie Beton verwendet werden, da hier erhöhte Rutschgefahr besteht. Vierbeinige Leitern sind für den Obstbaumschnitt generell ungeeignet, da sie auf unebenem Boden zu instabil stehen [s72].

Aluminium-Leiter [i9]

Bei der Materialwahl stehen verschiedene Optionen zur Verfügung: Aluminium-Leitern überzeugen durch ihr geringes Gewicht und Korrosionsbeständigkeit. Fiberglas-Leitern bieten zusätzliche Sicherheit bei Arbeiten in der Nähe von Stromleitungen, da sie nicht elektrisch leitend sind [s73]. Holzleitern werden zwar traditionell noch verwendet, sind aber meist schwerer und wartungsintensiver. Für größere Obstanlagen oder besonders hohe Bäume bieten sich professionelle Arbeitsbühnen an. Scherenlifte eignen sich besonders für ebene Flächen und bieten eine stabile Arbeitsplattform. Gelenkteleskopbühnen (Boomlifte) ermöglichen dagegen auch das Arbeiten über Hindernisse hinweg und das gezielte Anfahren schwer zugänglicher Bereiche [s74]. Bei der Nutzung von Arbeitsbühnen ist eine entsprechende Einweisung und Schulung der Bediener zwingend erforderlich [s75]. Für die sichere Nutzung von Leitern und Arbeitsbühnen gelten strenge Sicherheitsrichtlinien. Vor jedem Einsatz muss eine Sichtprüfung auf Beschädigungen erfolgen. Die Standfläche muss eben und trittsicher sein, bei Leitern ist auf den korrekten Anstellwinkel zu achten [s76]. Bei der Arbeit sollte man sich nie zu weit zur Seite lehnen - eine Faustregel besagt: Der Nabel sollte sich immer zwischen den Holmen befinden. Als Alternative zu klassischen Leitern können auch teleskopische

Schneidwerkzeuge mit einer Reichweite von 2,5 bis 3,5 Metern zum Einsatz kommen [s72]. Diese sind besonders praktisch für kleinere Schnittarbeiten in der Höhe, ersetzen aber keine sichere Aufstiegshilfe bei umfangreicheren Arbeiten. Für professionelle Anwender empfiehlt sich die regelmäßige Dokumentation der Sicherheitsprüfungen. Beschädigte oder verschlissene Aufstiegshilfen müssen sofort ausgetauscht werden [s75]. Bei gewerblicher Nutzung sind zudem regelmäßige Schulungen der Mitarbeiter vorgeschrieben, die den sicheren Umgang mit Leitern und Arbeitsbühnen vermitteln. Besonders bei der Arbeit mit Motorsägen oder schweren Schnittgeräten ist auf ausreichende Standsicherheit zu achten. Hier bieten Arbeitsbühnen mit ihrer großen Standfläche und den Sicherheitsgeländern deutliche Vorteile gegenüber Leitern [s74]. Die Investition in professionelle Aufstiegstechnik rechnet sich durch erhöhte Arbeitssicherheit und -effizienz meist schnell.

Glossar

Boomlifte

Mobile Arbeitsbühnen mit einem ausfahrbaren Teleskoparm, der sich zusätzlich abwinkeln lässt. Sie erreichen Arbeitshöhen von bis zu 40 Metern und ermöglichen flexible Bewegungen in alle Richtungen.

Scherenlifte

Eine hydraulische Hubarbeitsbühne, die sich vertikal durch übereinander liegende, sich kreuzende Streben (ähnlich einer Schere) ausfahren lässt. Die maximale Arbeitshöhe beträgt meist zwischen 6 und 18 Metern.

2. 1. 3. Werkzeugpflege

Die regelmäßige Pflege und Wartung der Schneidwerkzeuge ist fundamental für präzise und schonende Schnittarbeiten am Obstbaum. Saubere und scharfe Werkzeuge ermöglichen nicht nur ein effizienteres Arbeiten, sondern fördern auch die schnelle Wundheilung der Schnittstellen und reduzieren das Risiko von Infektionen oder Schädlingsbefall [s77]. Eine grundlegende Pflegeeinheit sollte nach jedem Arbeitseinsatz durchgeführt werden. Dazu gehört die gründliche Reinigung mit einem Lappen und einer Drahtbürste, um Pflanzenreste, Harz und andere Verschmutzungen zu entfernen [s78]. Besonders wichtig ist die Desinfektion der Klingen, wenn an kranken Bäumen gearbeitet wurde. Hierfür eignet sich 70-prozentiger Alkohol - nach der Behandlung sollten die Werkzeuge gut abgewischt werden und an der Luft trocknen [s79]. Als Alternative kann bei Verdacht auf Pathogene auch die Flamme eines Lötgeräts zur schnellen Desinfektion der Klingen verwendet werden [s80]. Die Schärfe der Schneidwerkzeuge ist entscheidend für ihre Funktionalität. Stumpfe Klingen können das Pflanzengewebe quetschen und unnötige Verletzungen verursachen [s81]. Bei Bypass-Scheren erfolgt das Schärfen nur an der Fase der schneidenden Klinge - die flache Gegenseite darf nicht bearbeitet werden [s80]. Für optimale Schnittergebnisse müssen die Klingen eng aneinander anliegen, um ein Verklemmen während des Schneidens zu vermeiden [s81]. Die Wartung von Sägeblättern erfordert besondere Aufmerksamkeit. Da das Schärfen kompliziert sein kann, empfiehlt es sich häufig, abgenutzte Blätter zu ersetzen oder sich von einem Fachmann in der korrekten Schärftechnik unterweisen zu lassen [s82]. Bei Kettensägen ist eine regelmäßige Überprüfung und Schärfung der Kette unerlässlich für sichere und effiziente Arbeit [s79]. Ein oft übersehener Aspekt der Werkzeugpflege ist die Bedeutung hochwertiger Materialien. Qualitätsmetall behält seine Schärfe länger und ermöglicht präzisere Schnitte [s81]. Bei der Auswahl sollte auch auf die Verfügbarkeit von Ersatzteilen geachtet werden, da dies die langfristige Wartung erleichtert [s81]. Einige Schermodelle sind besonders für ihre Langlebigkeit und Reparaturfreundlichkeit bekannt, während andere sich durch außergewöhnliche Schärfe und sanfte Schneidaktion auszeichnen [s81].

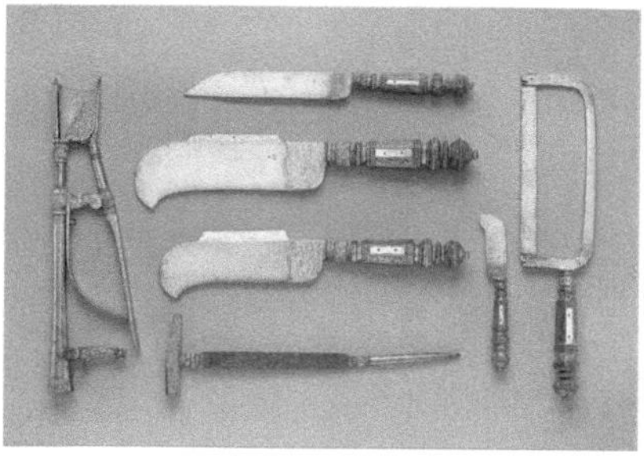

Schneidwerkzeuge [i10]

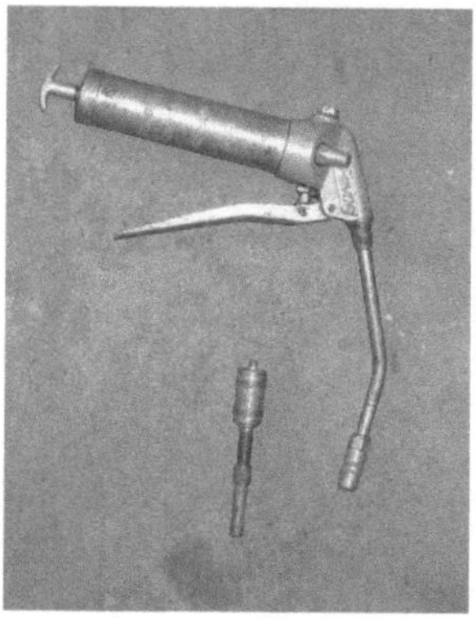

Schmiermittel [i11]

Zur regelmäßigen Pflegeroutine gehört auch das Einsprühen der beweglichen Teile mit einem geeigneten Schmiermittel [s78]. Dies verhindert Rostbildung und gewährleistet eine gleichmäßige Schneidebewegung. Vor jedem Einsatz sollten die Werkzeuge auf Beschädigungen überprüft werden - besonders wichtig ist dabei der Zustand der Klingen, die scharf und gerade sein müssen [s80]. Die Aufbewahrung der Werkzeuge spielt ebenfalls eine wichtige Rolle für ihre Langlebigkeit. Sie sollten trocken und geschützt gelagert werden, idealerweise in einer Werkzeugkiste oder an einer Werkzeugwand, wo sie vor Feuchtigkeit und mechanischen Beschädigungen geschützt sind. Für den Transport empfehlen sich spezielle Schutzhüllen oder -taschen. Nicht zuletzt ist auch der ergonomische Aspekt zu beachten. Ein bequemer Griff ermöglicht ermüdungsfreies Arbeiten und trägt zur effektiven Nutzung bei [s81]. Bei der Wartung sollte daher auch der Zustand der Griffe überprüft und gegebenenfalls erneuert werden. Die konsequente Werkzeugpflege mag zunächst zeitaufwändig erscheinen, zahlt sich aber durch längere Haltbarkeit und bessere Schnittergebnisse aus. Wie ein erfahrener Gärtner treffend bemerkt: "Es ist mühsam, die Werkzeuge zu warten, aber es ist eine Freude, ein nicht klebriges und scharfes Schneidwerkzeug zu benutzen" [s78].

Werkzeugaufbewahrung [i12]

2. 1. 4. Sicherheitsausrüstung

Die richtige Sicherheitsausrüstung ist beim Obstbaumschnitt unverzichtbar, um Verletzungen zu vermeiden und sicher arbeiten zu können. Eine vollständige persönliche Schutzausrüstung (PSA) umfasst mehrere wichtige Komponenten, die aufeinander abgestimmt sind [s83]. Kopfschutz hat dabei oberste Priorität. Ein geprüfter Schutzhelm ist beim Arbeiten in und unter Bäumen Pflicht, besonders wenn die Gefahr herabfallender Äste besteht [s84]. Der Helm sollte regelmäßig auf Beschädigungen überprüft und nach starken Stößen oder spätestens nach der vom Hersteller angegebenen Nutzungsdauer ersetzt werden. Für den Augenschutz sind Schutzbrillen unerlässlich [s84]. Sie schützen vor herumfliegenden Holzspänen, Rindenstücken und kleinen Zweigen. Bei Arbeiten über Kopf empfehlen sich Vollsichtbrillen mit seitlichem Schutz. Besonders bei der Arbeit mit Motorsägen oder beim Schneiden von dornigen Gehölzen wie Brombeeren ist dieser Schutz unverzichtbar. Die Arbeitskleidung sollte robust und eng anliegend sein, aber genügend Bewegungsfreiheit bieten [s85]. Lange Ärmel und Hosenbeine schützen vor Kratzern und Schürfwunden. Bei Arbeiten in der Nähe von Verkehrsflächen ist das Tragen von Warnwesten oder -jacken in Signalfarben vorgeschrieben [s84]. Dies erhöht die Sichtbarkeit erheblich, besonders bei schlechten Lichtverhältnissen [s86]. Handschuhe sind ein weiteres wichtiges Element der Schutzausrüstung [s87]. Sie sollten schnittfest und gleichzeitig flexibel genug sein, um ein präzises Arbeiten zu ermöglichen. Spezielle Schnittschutzhandschuhe bieten zusätzliche Sicherheit bei der Arbeit mit scharfen Werkzeugen. Bei nassem Wetter empfehlen sich wasserabweisende Modelle. Festes Schuhwerk mit rutschfester Profilsohle und Zehenschutzkappe bietet sicheren Stand und schützt vor herabfallenden Ästen [s85]. Bei der Arbeit auf Leitern ist dies besonders wichtig. Die Schuhe sollten knöchelhoch sein, um zusätzlichen Halt zu geben. Für Arbeiten in größeren Höhen ist ein geprüfter Klettergurt vorgeschrieben [s84]. Dieser muss vor jedem Einsatz sorgfältig auf Verschleiß und Beschädigungen kontrolliert werden. Die verwendeten Seile müssen speziell für Kletterarbeiten zugelassen sein [s83]. Eine regelmäßige Überprüfung der Kletterausrüstung ist gesetzlich vorgeschrieben. Bei der Arbeit mit Motorsägen oder lauten Maschinen ist Gehörschutz erforderlich [s83]. Dieser kann als Kapselgehörschutz oder Gehörschutzstöpsel ausgeführt sein. Wichtig ist die richtige Passform und regelmäßige Reinigung. Ein gut ausgestattetes Erste-Hilfe-Set sollte immer griffbereit sein [s87]. Es sollte neben dem üblichen Verbandsmaterial auch spezielle Materialien für typische Verletzungen beim Baumschnitt enthalten, wie etwa sterile Kompressen für Schnittverletzungen. Bei der Arbeit mit Pflanzenschutzmitteln oder anderen chemischen Substanzen ist zusätzlich ein zugelassenes Atemschutzgerät erforderlich [s84]. Die Filter müssen regelmäßig gewechselt und die Maske nach Gebrauch gereinigt werden. Die gesamte Schutzausrüstung muss regelmäßig auf Verschleiß und Beschädigungen überprüft werden [s88]. Beschädigte oder abgenutzte Teile sind sofort zu ersetzen. Eine sorgfältige Dokumentation der Prüfungen ist besonders im gewerblichen Bereich wichtig. Besondere Vorsicht ist bei der Arbeit in der Nähe von Stromleitungen geboten. Hier dürfen keine elektrisch leitenden Werkzeuge verwendet werden [s84]. Bei schlechten Sichtverhältnissen ist für ausreichende Beleuchtung zu sorgen [s86].

Glossar

PSA
: Abkürzung für Persönliche Schutzausrüstung - ein gesetzlich geregeltes System von Schutzmaßnahmen, das je nach Gefährdungsbeurteilung verschiedene Schutzstufen umfasst

Zusammenfassung - 2. 1. Werkzeuge und Ausrüstung

- Bypass-Scheren erzeugen sauberere Schnitte als Amboss-Scheren, sind aber bei totem Holz weniger effektiv
- Die Position des Drehpunkts bei Loppern ist entscheidend für die Schnittleistung
- Isopropylalkohol oder Bleichlösung sind für die Werkzeugdesinfektion nach Arbeit an kranken Bäumen zwingend
- Der Dreistufenschnitt verhindert Rindenverletzungen bei größeren Ästen
- Dreibeinige Leitern sind auf glatten Oberflächen wie Beton ungeeignet
- Fiberglas-Leitern bieten Sicherheit bei Arbeiten nahe Stromleitungen durch fehlende elektrische Leitfähigkeit
- Scherenlifte eignen sich für ebene Flächen, während Boomlifte das Arbeiten über Hindernisse ermöglichen
- Bei Bypass-Scheren darf nur die Fase der schneidenden Klinge geschärft werden
- Die Flamme eines Lötgeräts kann zur schnellen Klingendesinfektion verwendet werden
- Qualitätsmetall behält seine Schärfe länger und ermöglicht präzisere Schnitte
- Vollsichtbrillen mit seitlichem Schutz sind besonders bei Überkopfarbeiten wichtig
- Schutzhelme müssen nach starken Stößen sofort ersetzt werden
- Kletterseile müssen speziell für Baumarbeiten zugelassen sein

2. 2. Schnittarten

Wie schneidet man einen Obstbaum fachgerecht? Welche grundlegenden Schnittarten gibt es und wann kommen sie zum Einsatz? Diese Fragen beschäftigen jeden Gartenbesitzer, der sich der Pflege seiner Obstbäume widmet. Die verschiedenen Schnittarten - vom ersten Pflanzschnitt über den formativen Erziehungsschnitt bis hin zum regelmäßigen Erhaltungs- und späteren Verjüngungsschnitt - bilden das Fundament für gesunde, ertragreiche Obstbäume. Jede dieser Techniken erfüllt dabei spezifische Aufgaben in den unterschiedlichen Entwicklungsphasen des Baumes. Die korrekte Anwendung dieser Schnittarten entscheidet maßgeblich über die zukünftige Entwicklung und Produktivität der Obstbäume. Ein systematisches Verständnis der verschiedenen Schnitttechniken und ihrer jeweiligen Zielsetzungen ermöglicht es, das volle Potenzial der Bäume auszuschöpfen.

„Beim Zurückschneiden wird bis zu einer seitlichen Knospe oder einem kleinen Seitenast geschnitten, was zu kräftigem, aufrechtem Wachstum direkt unterhalb der Schnittstelle führt.“

2. 2. 1. Pflanzschnitt

Der Pflanzschnitt ist eine fundamentale gärtnerische Praxis, die maßgeblich die Gesundheit, Produktivität und strukturelle Integrität von Obstbäumen beeinflusst [s89]. Diese spezielle Schnitttechnik zielt darauf ab, ein ausgeklügeltes Netzwerk kurzer, tragender Sporen entlang der Hauptäste zu etablieren und gleichzeitig die natürliche Form des Baumes zu bewahren [s90] [s91]. Der optimale Zeitpunkt für den Pflanzschnitt liegt in der Ruheperiode zwischen Januar und März [s89]. Allerdings gibt es auch während der Vegetationsperiode wichtige Schnittmaßnahmen: Sobald das basale Drittel der neuen Triebe verholzt ist und das Wachstum sich verlangsamt - typischerweise ab Mitte Juli - können gezielte Eingriffe vorgenommen werden [s91]. Bei der praktischen Durchführung gilt ein systematischer Ansatz: Jahrestriebe, die länger als 20 Zentimeter sind, werden bis zum dritten Blatt von der Basis zurückgeschnitten. Schwächere Seitentriebe bleiben dagegen unangetastet, da sie oft wertvolle Fruchtknospen an ihren Spitzen tragen [s91]. Um die Vitalität des Baumes zu steuern, können besonders kräftige, aufrechte Seitentriebe entweder komplett entfernt oder bewusst belassen werden - letzteres reduziert die Bildung unerwünschter Sekundärtriebe [s91]. Zwei grundlegende Schnitttechniken kommen beim Pflanzschnitt zum Einsatz: Das Zurückschneiden und das Auslichten [s92]. Beim Zurückschneiden wird bis zu einer seitlichen Knospe oder einem kleinen Seitenast geschnitten, was zu kräftigem, aufrechtem Wachstum direkt unterhalb der Schnittstelle führt. Das Auslichten hingegen bedeutet die vollständige Entfernung eines Seitenastes an seinem Ursprung oder bis zu einem ausreichend starken Seitenast, der die Führung übernehmen kann. Diese Technik fördert ein offeneres, natürlicheres Erscheinungsbild [s92]. Besondere Aufmerksamkeit verdient die korrekte Ausführung der Schnitte: Sie müssen stets außerhalb des Astkragens erfolgen, um die natürlichen Abwehrmechanismen des Baumes nicht zu beeinträchtigen [s89]. Bei der Durchführung des Pflanzschnitts empfiehlt es sich, die Arbeiten über einen Zeitraum von 2-3 Wochen zu verteilen. Dies ermöglicht eine bessere Kontrolle des Wachstums und fördert die Entwicklung von Fruchtsporen [s91]. Ein wichtiger Aspekt des Pflanzschnitts ist die präventive Komponente [s93]. Durch frühzeitiges und gezieltes Eingreifen können strukturelle Defekte korrigiert und die gewünschte Architektur des Baumes gefördert werden [s90]. Dies ist besonders bei jungen Bäumen wichtig, da hier die Grundlage für eine gesunde, produktive Zukunft gelegt wird [s89]. Bestimmte Praktiken sollten beim Pflanzschnitt unbedingt vermieden werden. Das "Topping", also das willkürliche Kürzen von Ästen, führt zu schwachen, potenziell gefährlichen Neuaustrieben und sollte unterlassen werden [s89]. Stattdessen sollte der Fokus auf der Entfernung toter, kranker oder sich kreuzender Äste liegen, um die natürliche Wuchsform zu unterstützen [s89]. Der Pflanzschnitt spielt auch eine wichtige Rolle bei der Wiederherstellung von Bäumen nach Sturmschäden [s93]. Hier ist besondere Sorgfalt geboten, um das richtige Gleichgewicht zwischen notwendiger Korrektur und Erhaltung der Baumstruktur zu finden.

Glossar

Topping
Eine veraltete und schädliche Schnittmethode, bei der die Baumkrone radikal eingekürzt wird. Dies führt zu verstärktem, ungeordnetem Neuaustrieb und erhöhter Anfälligkeit für Fäulnis und Krankheiten.

2. 2. 2. Erziehungsschnitt

Der Erziehungsschnitt ist die wichtigste Schnittphase im Leben eines Obstbaumes und legt das Fundament für dessen spätere Entwicklung [s94]. Diese frühe Formgebung bestimmt maßgeblich die zukünftige Struktur, Gesundheit und Produktivität des Baumes. Je nach Obstart werden unterschiedliche Grundformen angestrebt: Für Kernobst wie Äpfel und Birnen eignet sich die pyramidale Form mit durchgehendem Mitteltrieb, während bei Steinobst die offene Vasenform mit 3-5 Leitästen bevorzugt wird [s95]. Bei der praktischen Umsetzung beginnt man damit, die gewünschte Grundstruktur durch gezielte Schnitte zu etablieren. Beispielsweise wird bei der Pyramidenform zunächst der zentrale Leittrieb ausgewählt und gestärkt, während konkurrierende Triebe entfernt oder eingekürzt werden. Die Intensität des Erziehungsschnitts muss an die jeweilige Obstart angepasst werden. Während Apfel- und Birnbäume relativ schnittverträglich sind und stärker eingekürzt werden können, reagieren Steinobstarten empfindlicher. Hier sollte man sich auf das notwendige Minimum beschränken [s94]. Ein praktischer Tipp ist es, bei Steinobst maximal 20% des Kronenvolumens pro Schnitt zu entfernen. Moderne Anbausysteme bieten verschiedene spezialisierte Erziehungsformen: Der "Steep Leader" (SL) beispielsweise zeichnet sich durch mehrere Leittriebe mit horizontalen Gerüstästen aus, die eine optimale Lichtverteilung gewährleisten [s96]. Das "Super Slender Axe" (SSA) System ermöglicht mit bis zu 2000 Einzelführern pro Acre eine sehr intensive Nutzung der Anbaufläche [s96]. Ein wichtiges Ziel des Erziehungsschnitts ist die Kontrolle der Baumgröße [s97]. Durch geschicktes Schneiden wird eine konische Form mit breiter Basis und schmaler Spitze erreicht, die später eine bequeme Pflege und Ernte vom Boden aus ermöglicht [s95]. Dabei sollte das Schneiden junger, noch nicht tragender Bäume minimal gehalten werden, um eine schnellere Fruchtbildung zu fördern [s97]. Das "Tipping" (Einkürzen der Triebspitzen) spielt in den ersten vier Jahren eine entscheidende Rolle bei der Kronenentwicklung [s98]. Diese Technik fördert die Verzweigung und hilft, eine gut strukturierte Krone aufzubauen. Dabei sollte man darauf achten, die Schnitte sauber auszuführen und ein Ausreißen der Rinde zu vermeiden. Der Erziehungsschnitt verbessert auch die Belichtung und Durchlüftung der Krone [s98]. Dies ist besonders wichtig für die spätere Fruchtqualität und Krankheitsvorbeugung. Ein praktischer Ansatz ist es, die Krone so zu gestalten, dass ein imaginierter Hut durch sie hindurch geworfen werden könnte. Die Wachstumsgewohnheiten verschiedener Sorten müssen beim Erziehungsschnitt berücksichtigt werden [s94]. Stark wachsende Sorten benötigen meist intensivere Schnittmaßnahmen als schwach wachsende. Ein bewährter Tipp ist es, bei stark wachsenden Sorten die Schnittmaßnahmen auf mehrere Termine im Jahr zu verteilen. Moderne Erziehungssysteme wie das "Upright Fruiting Offshoots" (UFO) oder der "Vogel Central Leader" (VCL) sind speziell für eine effiziente Produktion entwickelt worden [s96]. Sie ermöglichen eine optimale Nutzung des verfügbaren Raums und vereinfachen Pflege- und Erntearbeiten. Der Erziehungsschnitt stimuliert das Wachstum, indem er die Anzahl der Wachstumspunkte reduziert und das verbleibende Wachstum gezielt lenkt [s97]. Dies führt zu kräftigeren Ästen und einer stabileren Gesamtstruktur des Baumes [s94].

Erziehungsschnitt [i13]

Steep Leader
Ein modernes Erziehungssystem für Obstbäume, bei dem die Bäume besonders schmal und hoch gezogen werden, was eine hohe Pflanzdichte ermöglicht

Super Slender Axe
Ein Anbausystem aus Frankreich, das extrem schmale Baumformen erzeugt und besonders für Apfelbäume geeignet ist

Tipping
Eine Schnitttechnik aus dem englischsprachigen Raum, bei der gezielt neue Verzweigungen durch kurzes Einkürzen der Triebspitzen angeregt werden

Upright Fruiting Offshoots
Ein speziell für Süßkirschen entwickeltes Erziehungssystem, das aufrechte, fruchttragende Triebe an einer waagerechten Basis erzeugt

Vogel Central Leader
Ein in der Schweiz entwickeltes Erziehungssystem, das sich durch einen dominanten Mitteltrieb und regelmäßig angeordnete Seitentriebe auszeichnet

2. 2. 3. Erhaltungsschnitt

Der Erhaltungsschnitt ist eine zentrale Pflegemaßnahme für etablierte Obstbäume, die deren langfristige Gesundheit und Produktivität sicherstellt [s99]. Anders als beim Pflanz- oder Erziehungsschnitt geht es hier nicht um die grundlegende Formgebung, sondern um die behutsame Pflege und Optimierung der bestehenden Kronenstruktur. Die regelmäßige Durchführung des Erhaltungsschnitts fördert gezielt das Wachstum in den inneren Bereichen der Baumkrone [s99]. Dies ist besonders wichtig, da ältere Obstbäume dazu neigen, ihre Fruchtproduktion zunehmend in die äußeren und oberen Kronenbereiche zu verlagern. Ein praktischer Ansatz ist es, die Krone in Zonen einzuteilen und systematisch von innen nach außen zu arbeiten. Dabei sollten Sie besonders auf vergreiste Fruchtäste achten, die durch gezielte Verjüngungsschnitte wieder zu neuem Wachstum angeregt werden können. Bei der Durchführung des Erhaltungsschnitts kommen drei grundlegende Techniken zum Einsatz: Abkneifen, Kopf- und Ausdünnungsschnitt [s100]. Das Abkneifen von Triebspitzen fördert die Verzweigung und kann genutzt werden, um das Wachstum in gewünschte Richtungen zu lenken. Der Kopfschnitt wird angewendet, um die Höhe einzelner Äste zu regulieren, während der Ausdünnungsschnitt der Lichtführung und Luftzirkulation in der Krone dient. Ein wichtiger Aspekt des Erhaltungsschnitts ist die Regulierung des vegetativen Wachstums zur Optimierung von Ertrag und Fruchtqualität [s100]. Dabei gilt die Faustregel: Je stärker der Schnitt, desto stärker das vegetative Wachstum. Um ein ausgewogenes Verhältnis zwischen Wachstum und Fruchtbildung zu erreichen, empfiehlt es sich, größere Schnittmaßnahmen über mehrere Jahre zu verteilen. Beginnen Sie beispielsweise im ersten Jahr mit der Entfernung von maximal einem Drittel der zu reduzierenden Masse. Bei vernachlässigten Bäumen ist ein systematisches Vorgehen besonders wichtig [s100]. Hier sollten Sie zunächst alle beschädigten und kranken Äste entfernen. Anschließend wird die Kronenhöhe schrittweise reduziert, wobei darauf zu achten ist, dass keine kahlen Bereiche entstehen. Ein bewährter Praxistipp ist es, pro Schnittphase nicht mehr als 20% des Kronenvolumens zu entfernen, um den Baum nicht zu überfordern. Die Wahl des richtigen Zeitpunkts für den Erhaltungsschnitt ist entscheidend für den Erfolg der Maßnahme [s99]. Während der Hauptschnitt traditionell in der Vegetationsruhe erfolgt, können leichte Korrekturen auch während der Wachstumsperiode vorgenommen werden.

Besonders effektiv ist das Schneiden kurz nach der Ernte, da der Baum dann noch genügend Zeit hat, die Schnittwunden vor dem Winter zu verschließen. Der Erhaltungsschnitt erfordert spezielles Werkzeug, das stets scharf und sauber sein sollte [s99]. Für dünnere Äste eignet sich eine Bypass-Schere, während für stärkere Äste eine Säge verwendet werden sollte. Achten Sie darauf, die Schnitte möglichst glatt und ohne Quetschungen auszuführen, um die Wundheilung zu beschleunigen. Ein oft übersehener Aspekt des Erhaltungsschnitts ist seine Bedeutung für die Fruchtgröße und -qualität [s100]. Durch gezieltes Ausdünnen wird die verfügbare Energie des Baumes auf weniger Früchte verteilt, was zu größeren und geschmackvolleren Früchten führt. Ein praktischer Tipp ist es, nach dem Schnitt die verbleibenden Fruchtansätze zu zählen und gegebenenfalls manuell auszudünnen.

vegetatives Wachstum [i14]

2. 2. 4. Verjüngungsschnitt

Der Verjüngungsschnitt ist eine anspruchsvolle aber wichtige Pflegemaßnahme, die besonders bei älteren oder vernachlässigten Obstbäumen zum Einsatz kommt. Diese Schnitttechnik zielt darauf ab, überalterte Bäume durch gezielte Eingriffe zu revitalisieren und ihre Vitalität sowie Produktivität wiederherzustellen [s101]. Bei der praktischen Durchführung ist ein systematisches und geduldiges Vorgehen entscheidend. Der Verjüngungsschnitt sollte über mehrere Jahre verteilt werden, wobei pro Jahr maximal ein Drittel der zu entfernenden Masse geschnitten wird [s101]. Dies verhindert eine Überforderung des Baumes und ermöglicht eine kontrollierte Regeneration. Beginnen Sie dabei stets mit der Entfernung abgestorbener, kranker oder sich kreuzender Äste. Die Schnittmaßnahmen konzentrieren sich besonders auf vergreiste Partien in der Krone. Dabei werden gezielt ältere Astpartien auf jüngere Seitentriebe zurückgesetzt. Ein bewährter Praxistipp ist es, die Krone gedanklich in Sektoren einzuteilen und systematisch von innen nach außen zu arbeiten. Achten Sie darauf, dass die Schnitte stets bis auf gut entwickelte Seitentriebe erfolgen, die die Fortsetzung des Astes übernehmen können. Bei der Durchführung des Verjüngungsschnitts spielt die Kontrolle der Baumhöhe eine wichtige Rolle [s101]. Übermäßig hohe Kronenpartien werden schrittweise reduziert, wobei darauf zu achten ist, dass keine kahlen Bereiche entstehen. Ein praktischer Ansatz ist es, zunächst die Höhe der Hauptäste um etwa ein Drittel zu reduzieren und dann in den Folgejahren die Seitenäste entsprechend anzupassen. Die Auswahl des richtigen Zeitpunkts ist entscheidend für den Erfolg der Verjüngung. Die Hauptschnittmaßnahmen sollten in der Vegetationsruhe durchgeführt werden, idealerweise an frostfreien Tagen zwischen Januar und März. Kleinere Korrekturen können auch während der Vegetationsperiode vorgenommen werden, besonders nach der Ernte, wenn der Baum noch genügend Zeit hat, die Schnittwunden vor dem Winter zu verschließen. Ein wichtiger Aspekt des Verjüngungsschnitts ist die Förderung der Lichtverhältnisse im Kroneninneren [s101]. Durch gezieltes Ausdünnen wird die Belichtung und Luftzirkulation verbessert, was die Bildung neuer Fruchtholz im Inneren der Krone stimuliert. Ein praktischer Tipp ist es, nach jedem Schnitteingriff von verschiedenen Positionen aus die Kronendurchsicht zu prüfen. Die Schnittführung muss besonders sorgfältig erfolgen, um die Regenerationsfähigkeit des Baumes optimal zu unterstützen [s102]. Große

Schnittwunden sollten möglichst vermieden werden, da sie langsamer verheilen und Eintrittspforten für Krankheitserreger darstellen können. Wenn größere Schnitte unvermeidbar sind, sollten diese glatt und leicht schräg ausgeführt werden, um das Ablaufen von Wasser zu gewährleisten. Bei mehrstämmigen Obstbäumen kann der Verjüngungsschnitt auch durch die selektive Entfernung älterer Stämme erfolgen [s103]. Dies ermöglicht eine kontinuierliche Erneuerung der Gesamtstruktur, während der Baum produktiv bleibt. Wählen Sie dafür die ältesten oder am stärksten vergreisten Stämme aus und entfernen Sie diese bodennah. Nach dem Verjüngungsschnitt ist eine intensive Pflege des Baumes wichtig [s102]. Eine ausgewogene Wasser- und Nährstoffversorgung unterstützt die Regeneration und fördert die Bildung neuer Triebe. Beobachten Sie den Baum regelmäßig und reagieren Sie bei Bedarf mit ergänzenden Pflegemaßnahmen wie zusätzlicher Bewässerung oder organischer Düngung.

Glossar

revitalisieren
Ein Fachbegriff aus der Pflanzenpflege, der die Wiederherstellung der Lebenskraft und Leistungsfähigkeit einer Pflanze durch gezielte Maßnahmen beschreibt.

vergreist
Ein gartenbaulicher Fachbegriff für überalterte Pflanzenteile, die ihre optimale Wuchsform und Produktivität verloren haben und wenig neue Triebe bilden.

Zusammenfassung - 2. 2. Schnittarten

- Der Pflanzschnitt erfolgt optimal zwischen Januar und März, während ab Mitte Juli nach Verholzung des basalen Drittels weitere Eingriffe möglich sind.
- Jahrestriebe über 20cm werden bis zum dritten Blatt zurückgeschnitten, schwächere Seitentriebe bleiben für Fruchtknospen erhalten.
- Die pyramidale Form mit durchgehendem Mitteltrieb eignet sich für Kernobst, während Steinobst die offene Vasenform mit 3-5 Leitästen bevorzugt.
- Das "Super Slender Axe" System ermöglicht bis zu 2000 Einzelführer pro Acre für intensive Flächennutzung.
- Bei stark wachsenden Sorten sollten Schnittmaßnahmen auf mehrere Termine im Jahr verteilt werden.
- Der Erhaltungsschnitt fördert gezielt das Wachstum in inneren Kronenbereichen, um der Verlagerung der Fruchtproduktion nach außen entgegenzuwirken.
- Abkneifen, Kopf- und Ausdünnungsschnitt sind die drei Grundtechniken des Erhaltungsschnitts.
- Bei vernachlässigten Bäumen sollte pro Schnittphase maximal 20% des Kronenvolumens entfernt werden.
- Der Verjüngungsschnitt wird über mehrere Jahre verteilt, wobei jährlich maximal ein Drittel der zu entfernenden Masse geschnitten wird.
- Mehrstämmige Obstbäume können durch selektive Entfernung älterer Stämme verjüngt werden, während der Baum produktiv bleibt.

2. 3. Schnitttechnik

Die Schnitttechnik bei Obstbäumen wirft viele Fragen auf: Wie führt man einen Schnitt korrekt aus, um die Gesundheit des Baumes nicht zu gefährden? Welche Rolle spielen Astring und Zugast bei der fachgerechten Schnittführung? Und wie reagiert der Baum auf verschiedene Schnittmaßnahmen? Die richtige Schnitttechnik ist fundamental für die erfolgreiche Obstbaumpflege. Sie entscheidet nicht nur über die Entwicklung der Krone und den späteren Fruchtertrag, sondern auch über die Widerstandsfähigkeit des Baumes gegen Krankheiten und Schädlinge. Dabei geht es um weit mehr als das bloße Entfernen von Ästen - vielmehr um ein tiefgreifendes Verständnis der biologischen Prozesse und deren gezielte Beeinflussung. Ein präzise ausgeführter Schnitt ermöglicht dem Baum eine optimale Wundheilung und fördert seine natürliche Regenerationsfähigkeit. Die folgenden Abschnitte zeigen detailliert, wie Sie diese Techniken in der Praxis erfolgreich anwenden.

„Die 3-Schnitt-Methode bei größeren Ästen besteht aus einem Entlastungsschnitt von unten (30 cm vom Stamm, 1/3 der Aststärke), einem zweiten Schnitt von oben (5 cm weiter außen) und dem finalen Schnitt am Astring.“

2. 3. 1. Schnittführung

Die richtige Schnittführung ist fundamental für die Gesundheit und Entwicklung von Obstbäumen. Jeder einzelne Schnitt sollte wohlüberlegt sein und einem spezifischen Zweck dienen [s104]. Dies können beispielsweise die Formgebung, das Entfernen beschädigter Äste oder die Kontrolle übermäßigen Wachstums sein [s105]. Bei der praktischen Durchführung ist die 3-Schnitt-Methode bei größeren Ästen unverzichtbar. Dabei wird zunächst ein Entlastungsschnitt von unten angesetzt, etwa 30 cm vom Stamm entfernt und bis zu einem Drittel der Aststärke. Der zweite Schnitt erfolgt von oben, etwa 5 cm weiter außen. Der finale dritte Schnitt wird dann direkt am Astring ausgeführt [s106]. Diese Technik verhindert effektiv das Einreißen der Rinde, wie es häufig bei unerfahrenen Gärtnern vorkommt. Für kleinere Äste gelten präzise Regeln: Der Schnitt sollte in einem 45-Grad-Winkel erfolgen, wobei etwa 1,3 cm Abstand zur nächsten Knospe einzuhalten ist [s106]. Bei der Auswahl der Werkzeuge gilt die Faustregel: Für Äste bis 3,8 cm Durchmesser eignet sich der Baumschneider, für stärkere Äste bis 4,4 cm der lopper (Astschere) und darüber hinaus kommt die Handsäge zum Einsatz [s106]. Ein besonders wichtiger Aspekt ist der richtige Zeitpunkt des Schnitts. Der späte Winter bis zum frühen Frühling hat sich als optimal erwiesen [s107], da der Baum dann noch in der Winterruhe ist und die Wundheilung mit dem beginnenden Frühjahrsaustrieb optimal erfolgen kann. Ab August sollte hingegen kein Schnitt mehr erfolgen, um spätes, frostgefährdetes Wachstum zu vermeiden [s105]. Bei der Schnittführung unterscheiden wir grundsätzlich zwischen Ausdünnungsschnitt und Kopf- oder Rückschnitt [s107]. Beim Ausdünnungsschnitt wird ein kompletter Ast an seiner Basis entfernt - diese Technik eignet sich besonders gut zur Kronenauslichtung und Verbesserung der Belichtung. Der Kopfschnitt hingegen kürzt einen Ast auf eine bestimmte Länge ein und wird häufig zur Formgebung eingesetzt. Ein häufiger Fehler ist das zu starke Eingreifen in die Baumstruktur. Als Faustregel gilt: Nicht mehr als 5-10% des lebenden Wachstums sollten in einer Schnittsaison entfernt werden [s104]. Bei der praktischen Durchführung empfiehlt es sich, zunächst tote und kranke Äste zu entfernen, dann kreuzende oder nach innen wachsende Triebe und erst zum Schluss formgebende Schnitte vorzunehmen [s108]. Besondere Aufmerksamkeit verdient die Schnittführung bei jungen Bäumen, da hier die Grundlage für die spätere Kronenstruktur gelegt wird [s104]. Dabei sollte man darauf achten, dass die verbleibenden Triebe in die gewünschte Wachstumsrichtung zeigen [s108]. Ein offenes, gut belichtetes Kronendach ist dabei das Ziel, da dies später größere und qualitativ hochwertigere Früchte ermöglicht [s107]. Die Qualität der Schnittführung lässt sich an der Wundheilung erkennen. Ein korrekter Schnitt ermöglicht die Bildung von Wundholz, das die Schnittstelle allmählich überwächst [s109]. Dabei ist es essentiell, den Schnitt außerhalb des Astkragens durchzuführen, da dieser das Gewebe enthält, das für die Wundheilung verantwortlich ist [s105]. Für die langfristige Gesundheit des Baumes ist es wichtig, eine Balance zwischen Triebwachstum und Fruchtbildung zu finden [s107]. Dies erreicht man durch regelmäßige, maßvolle Schnittmaßnahmen, die die natürliche Form des Baumes respektieren und gleichzeitig seine produktiven Eigenschaften fördern.

2. 3. 2. Astring und Zugast

Der astring und der Zugast spielen eine zentrale Rolle für die fachgerechte Schnittführung und die langfristige Gesundheit des Baumes. Der Astring ist eine wulstartige Verdickung am Astansatz, die sich deutlich als Übergangszone zwischen Stamm und Ast zeigt. Diese Zone enthält spezialisiertes Gewebe, das für die Wundheilung nach dem Schnitt essentiell ist. Bei der praktischen Durchführung eines Schnitts am Astring ist besondere Sorgfalt geboten. Der Schnitt sollte exakt außerhalb des Astrings erfolgen, ohne diesen zu verletzen. Ein zu naher Schnitt am Stamm, der den Astring verletzt, verhindert die optimale Wundheilung und schafft Eintrittspforten für holzzersetzende Pilze. Andererseits führt ein zu weit außen angesetzter Schnitt zu einem störenden Aststummel, der nicht überwallt werden kann. Der Zugast ist ein wichtiges Element bei der Kronenerziehung und -pflege. Es handelt sich dabei um einen stärkeren Ast, der die Funktion eines schwächeren Astes übernehmen soll. Bei der Auswahl eines Zugastes sollten folgende Kriterien beachtet werden: Er sollte vital sein, einen günstigen Ansatzwinkel von etwa 45 Grad aufweisen und in die gewünschte Wuchsrichtung zeigen. Die praktische Anwendung des Zugast-Prinzips ist besonders bei der Korrektur von Fehlentwicklungen wichtig. Wenn beispielsweise ein Ast zu steil nach oben wächst, kann ein darunter liegender, flacher wachsender Ast als Zugast gewählt werden. Der steile Ast wird dann entfernt, während der Zugast die Versorgung des entsprechenden Kronenbereichs übernimmt. Die Bedeutung der korrekten Schnittführung am Astring zeigt sich besonders bei der Entwicklung der Wundreaktion. Ein fachgerecht ausgeführter Schnitt ermöglicht die Bildung eines gleichmäßigen Überwallungswulstes, der die Wunde vollständig verschließt. Dies ist besonders wichtig, da offene Wunden Eintrittspforten für Krankheitserreger darstellen. Bei der Arbeit mit Zugästen ist die zeitliche Planung entscheidend. Die Umstellung sollte schrittweise über mehrere Jahre erfolgen, um dem Baum die Möglichkeit zu geben, sich an die veränderte Situation anzupassen. Dabei hat sich bewährt, zunächst den künftigen Zugast durch gezielte Schnittmaßnahmen zu fördern und erst dann den zu ersetzenden Ast zu entfernen. Ein häufiger Fehler bei der Arbeit mit Astring und Zugast ist die mangelnde Berücksichtigung der natürlichen Wuchsform des Baumes. Jede Baumart hat charakteristische Verzweigungsmuster und Wuchsformen, die bei der Schnittführung beachtet werden müssen. Ein zu radikaler Eingriff in diese natürliche Struktur kann zu verstärktem Austrieb von Wasserschossern und einer gestörten Kronenentwicklung führen. Die Technik des Pollarding, bei der regelmäßig an der gleichen Stelle geschnitten wird, zeigt die Bedeutung einer korrekten Schnittführung besonders deutlich. Im Vergleich zum unsachgemäßen topping entwickelt sich bei pollardierten Bäumen eine deutlich kleinere Barrierezone von nur 1,8 cm [s110], was auf eine bessere Wundheilung hinweist. Auch der zeitliche Aufwand für die Pflege ist beim Pollarding geringer als beim Topping [s110]. Für die praktische Umsetzung empfiehlt sich folgende Vorgehensweise: Zunächst wird die Kronenstruktur analysiert und potenzielle Zugäste identifiziert. Diese sollten vital sein und eine günstige Position in der Krone aufweisen. Der Schnitt selbst wird dann präzise am Astring ausgeführt, wobei die natürliche Abschottungszone des Baumes respektiert wird. Die weitere Entwicklung sollte regelmäßig kontrolliert werden, um bei Bedarf korrigierend eingreifen zu können.

2. 3. 3. Wundbehandlung

Die natürliche Wundheilung bei Obstbäumen ist ein faszinierender und komplexer Prozess, der maßgeblich von der Vitalität des Baumes und den Umweltbedingungen abhängt [s111]. Entgegen früherer Praktiken hat sich die Erkenntnis durchgesetzt, dass Bäume über effektive eigene Heilungsmechanismen verfügen und Wundverbände in den meisten Fällen nicht nur überflüssig, sondern sogar kontraproduktiv sein können [s112]. Die Bildung von Kallusgewebe, das für die Wundheilung essentiell ist, wird stark von den Standortbedingungen beeinflusst. Bäume in nährstoffreichen, gut durchlüfteten Böden zeigen dabei deutlich bessere Heilungsergebnisse [s111]. In der Praxis bedeutet dies, dass bereits bei der Pflanzung auf optimale Bodenverhältnisse geachtet werden sollte. Bei bestehenden Bäumen kann eine Verbesserung der Bodenqualität durch geeignete Kulturmaßnahmen wie Mulchen oder vorsichtige Düngung die Wundheilung unterstützen. Das früher übliche Verstreichen von Schnittwunden mit Baumwachs oder ähnlichen Materialien wird heute von Experten kritisch gesehen [s113]. Diese Praxis kann sogar kontraproduktiv sein, da sie die natürliche Wundheilung behindert und durch eingeschlossene Feuchtigkeit das Pilzwachstum fördern kann [s114]. Besonders problematisch sind dabei wasserdichte Materialien, die den Gasaustausch behindern [s111]. Es gibt jedoch Ausnahmesituationen, in denen eine Wundbehandlung sinnvoll sein kann. Bei krankheitsanfälligen Bäumen, die außerhalb der optimalen Schnittzeit behandelt werden müssen, kann ein fungizider Wundverschluss das Infektionsrisiko reduzieren [s112]. Dabei sollte das Mittel gezielt und sparsam eingesetzt werden. Die beste "Wundbehandlung" ist die Prävention durch fachgerechte Schnittführung. Wenn dennoch aus kosmetischen Gründen ein Wundverschluss gewünscht wird, sollte nur eine dünne Schicht eines ungiftigen Materials aufgetragen werden [s113]. Dabei gilt: Weniger ist mehr, da zu dicke Aufträge die natürliche Heilung behindern können. Bei Nährstoffmangel, der sich durch schlechte Wundheilung bemerkbar machen kann, ist eine gezielte Düngung möglich. Dies sollte jedoch mit Bedacht erfolgen, da Überdüngung dem Baum mehr schadet als nutzt [s111]. Eine Bodenanalyse kann hier wertvolle Hinweise geben. Ein wichtiger praktischer Aspekt ist die regelmäßige Kontrolle der Wundheilung. Dabei sollte auf Anzeichen von Fäulnis oder mangelnder Überwallung geachtet werden. Zeigen sich Probleme, ist es wichtig, die Ursachen zu analysieren - oft liegen diese in ungünstigen

Standortbedingungen oder fehlerhafter Schnittführung [s114]. Die moderne Obstbaumpflege setzt auf das Prinzip der natürlichen Regeneration. Statt aufwendiger Wundbehandlungen konzentriert man sich darauf, optimale Bedingungen für die Selbstheilung zu schaffen [s112]. Dies beginnt bei der Wahl des richtigen Schnittzeitpunkts und endet bei der Verbesserung der Standortbedingungen. Besonders wichtig ist das Verständnis, dass keine noch so aufwendige Wundbehandlung schlechte Schnitttechniken ausgleichen kann [s114]. Der Fokus sollte daher immer auf der Prävention durch fachgerechte Schnittführung und der Schaffung optimaler Wachstumsbedingungen liegen.

Glossar

Kallus

Spezielles Wundgewebe bei Pflanzen, das sich aus teilungsfähigen Zellen entwickelt und zur Überbrückung von Verletzungen dient. Es ist der erste Schritt zur Bildung neuer Rinde und Kambiumgewebe.

Zusammenfassung - 2. 3. Schnitttechnik

- Die 3-Schnitt-Methode ist bei größeren Ästen unverzichtbar, mit einem Entlastungsschnitt von unten bei 30 cm vom Stamm.
- Für Äste bis 3,8 cm eignet sich der Baumschneider, bis 4,4 cm der Lopper, darüber die Handsäge.
- Pro Schnittsaison sollten maximal 5-10% des lebenden Wachstums entfernt werden.
- Bei pollardierten Bäumen entwickelt sich eine Barrierezone von nur 1,8 cm, deutlich kleiner als beim Topping.
- Der Astring enthält spezialisiertes Gewebe für die Wundheilung und darf beim Schnitt nicht verletzt werden.
- Zugäste sollten einen Ansatzwinkel von etwa 45 Grad aufweisen und vital sein.
- Die Umstellung auf Zugäste muss schrittweise über mehrere Jahre erfolgen.
- Entgegen früherer Praktiken sind Wundverbände meist kontraproduktiv und können Pilzwachstum fördern.
- Wasserdichte Wundverschlussmaterialien behindern den wichtigen Gasaustausch der Schnittstelle.
- Die Bildung von Kallusgewebe wird stark von Bodendurchlüftung und Nährstoffversorgung beeinflusst.

Rückblick - 2. Professionelle Schnitttechniken

- Bypass-Scheren erzeugen besonders saubere Schnitte, während Amboss-Scheren sich für hartes, totes Holz eignen.
- Lopper mit Teleskopgriffen ermöglichen effizientes Arbeiten in größeren Höhen.
- Der Dreistufenschnitt verhindert bei größeren Ästen das Einreißen der Rinde.
- Dreibeinige Leitern haben sich durch ihre Selbststabilisierung unter Obstbäumen besonders bewährt.
- Fiberglas-Leitern bieten zusätzliche Sicherheit bei Arbeiten nahe Stromleitungen.
- Der "Steep Leader" zeichnet sich durch mehrere Leittriebe mit horizontalen Gerüstästen für optimale Lichtverteilung aus.
- Das "Super Slender Axe" System ermöglicht mit bis zu 2000 Einzelführern pro Acre eine intensive Flächennutzung.
- Beim Pollarding entwickelt sich eine Barrierezone von nur 1,8 cm, was auf bessere Wundheilung hinweist.
- Die Bildung von Kallusgewebe wird stark von den Standortbedingungen und der Bodenbeschaffenheit beeinflusst.
- Das früher übliche Verstreichen mit Baumwachs kann durch eingeschlossene Feuchtigkeit Pilzwachstum fördern.
- Die verschiedenen Schnitt- und Erziehungstechniken bilden die Grundlage - doch wie sie bei den einzelnen Obstarten konkret anzuwenden sind, zeigt sich im Detail.

3. Spezielle Obstarten

Die Pflege und der Schnitt von Obstbäumen erfordern ein tiefes Verständnis der jeweiligen Arten und ihrer spezifischen Bedürfnisse. Doch wie unterscheiden sich beispielsweise die Ansprüche von Steinobst und Zitrusfrüchten? Welche Rolle spielen Faktoren wie Standort, Klima und Schnittzeitpunkt bei den verschiedenen Obstarten? Während Apfel- und Birnbäume als klassische Obstgehölze unserer Breiten relativ robust sind, stellen mediterrane Arten wie Zitronen oder Orangen den Gärtner vor besondere Herausforderungen. Auch innerhalb der Gruppe der Steinobstarten gibt es deutliche Unterschiede: Kirschen reagieren anders auf Schnittmaßnahmen als Pflaumen, und Pfirsiche haben ganz eigene Ansprüche an Pflege und Winterschutz. Die folgenden Kapitel beleuchten die Besonderheiten der verschiedenen Obstarten im Detail und zeigen praxiserprobte Methoden für ihre erfolgreiche Kultur auf. Dabei wird deutlich: Mit dem richtigen Wissen und einer auf die jeweilige Art abgestimmten Pflege lassen sich auch anspruchsvollere Obstgehölze erfolgreich kultivieren.

3. 1. Kernobst

Das Kernobst vereint mit Apfel, Birne und Quitte drei der faszinierendsten Obstarten unserer Gärten. Doch was macht diese Früchte so besonders? Wie unterscheiden sich ihre Wachstumsmuster und Pflegeansprüche? Während der Apfelbaum als Klassiker des Obstbaus gilt, bietet die Birne überraschende Möglichkeiten der Formgebung. Die oft unterschätzte Quitte hingegen besticht durch ihre Robustheit und vielseitige Verwendbarkeit. Die erfolgreiche Kultivierung von Kernobst erfordert ein grundlegendes Verständnis der jeweiligen Wuchseigenschaften und Standortansprüche. Welche Schnittmaßnahmen fördern einen ausgewogenen Fruchtertrag? Wie lässt sich die natürliche Wuchsform optimal nutzen? Die folgenden Kapitel beleuchten die spezifischen Anforderungen jeder Kernobstart und zeigen praxiserprobte Methoden für eine erfolgreiche Kultur – von der klassischen Kronenform bis hin zu kreativen Spaliervarianten.

„Quitten können 25-35 Tonnen Früchte pro Hektar liefern, sodass bereits ein einzelner gut gepflegter Baum eine Familie ausreichend versorgen kann."

3. 1. 1. Apfelbaumpflege

Die fachgerechte Pflege von Apfelbäumen erfordert ein tiefes Verständnis für das natürliche Wachstumsverhalten und die gezielte Anwendung verschiedener Schnitt- und Pflegemaßnahmen. Ein grundlegendes Ziel ist dabei das Gleichgewicht zwischen vegetativem Holz und fruchttragendem Holz zu optimieren [s115].

Apfelbaum [i15]

Für eine erfolgreiche Apfelbaumpflege ist der regelmäßige jährliche Schnitt unerlässlich. Dabei sollte die Baumhöhe idealerweise auf 1,8 bis 2,4 Meter begrenzt werden, was die Pflege und Ernte deutlich erleichtert [s116]. Bei der praktischen Durchführung empfiehlt es sich, zunächst mit der Entfernung kranker und beschädigter Äste zu beginnen. Anschließend werden stark nach innen wachsende sowie sich kreuzende Äste entfernt. Die Lichtführung spielt eine zentrale Rolle: Ein offener Baum mit guter Lichtaufnahme produziert nachweislich mehr und qualitativ hochwertigere Früchte [s115]. Um dies zu erreichen, sollte man beim Schnitt besonders auf die Auslichtung des oberen Kronenbereichs achten. Konkret bedeutet dies: Entfernen Sie die größten Äste im oberen Drittel des Baumes und wenden Sie die 2-1-Regel an, bei der von drei konkurrierenden Ästen der mittlere entfernt wird [s117]. Eine innovative Methode ist das Training der Bäume zu einer offenen Mitte mit nach unten gebogenen Ästen [s118]. Diese "Regenschirm-Form" ermöglicht eine besonders gute Erreichbarkeit der Früchte vom Boden aus. Bei der praktischen Umsetzung werden die Haupttriebe zurückgeschnitten, sobald sie außerhalb der Reichweite wachsen. Allerdings ist in heißeren Regionen Vorsicht geboten, da diese Form zu Sonnenbrand an den Früchten führen kann. Interessanterweise gibt es auch alternative Ansätze wie die von Fukuoka und Holzer, die eine minimale Baumpflege befürworten [s119]. Sie argumentieren, dass unbeschnittene Bäume in der Natur oft besser gedeihen und weniger krankheitsanfällig sind. Dies kann als Mahnung verstanden werden, nicht übereifrig zu schneiden, da übermäßiges Schneiden tatsächlich zu schwächeren Bäumen führen kann. Für Hochdichte-Obstanlagen gelten besondere Regeln: Hier wird eine pyramidenförmige Baumform mit einer Höhe von 2,5-3 Metern und einer maximalen Breite von 1,8-2,1 Metern angestrebt [s120]. Wichtig ist dabei die Verwendung geeigneter Unterlagen und eine sorgfältige Standortvorbereitung. In der Praxis hat sich bewährt, den Standort mindestens 6 Monate vor der Pflanzung vorzubereiten. Der Schnittzeitpunkt spielt eine wichtige Rolle: Während der Winterschnitt primär der Formgebung dient, wird der Sommerschnitt zur Größenkontrolle eingesetzt [s116]. Beim Schneiden sollte man stets auf nach außen gerichtete Knospen achten, um das Wachstum in die gewünschte Richtung zu lenken. Ein häufiger Fehler ist das zu starke Eingreifen in die natürliche Wuchsform. Der zentrale Leittrieb sollte nur als letzte Option geschnitten werden, da er als natürlicher Wachstumsregulator fungiert [s117]. Stattdessen empfiehlt sich das gezielte Ausdünnen ganzer Äste, besonders bei Bäumen über zehn Jahren [s115]. Bei der Restauration vernachlässigter alter Obstbäume ist besondere Sorgfalt geboten [s121]. Hier sollte die Regeneration über mehrere Jahre verteilt werden, um den Baum nicht zu überfordern. Beginnen Sie mit der Entfernung abgestorbener Äste und arbeiten Sie sich dann schrittweise zu einer ausgewogenen Kronenstruktur vor. Die moderne Obstbaumpflege versteht sich zunehmend als Kombination aus Kunst und Wissenschaft [s117], wobei das Ziel ist, einen "ruhigen" Baum zu entwickeln, der nicht mit übermäßigem unfruchtbarem Wachstum reagiert. Dies erreicht man durch ausgewogene, wohlüberlegte Schnittmaßnahmen und ein gutes Verständnis der Baumreaktion auf verschiedene Pflegemaßnahmen.

3. 1. 2. Birnbaumerziehung

Die Birnbaumerziehung unterscheidet sich in einigen wichtigen Aspekten von der Apfelbaumpflege und bietet besonders interessante Möglichkeiten für kreative Formgebung. Birnen eignen sich hervorragend für verschiedene Erziehungsformen, wobei die Spalierobstkultur eine besonders effektive Methode darstellt [s122]. Bei der Grundstruktur eines jungen Birnbaums ist es essentiell, zunächst einen starken, geraden Haupttrieb zu etablieren. Dieser sollte direkt über der Veredlungsstelle ansetzen und wird idealerweise an einem stabilen Pflanzpfahl fixiert [s123]. Diese frühe Führung ist entscheidend für die spätere Entwicklung des Baumes und seine zukünftige Tragfähigkeit. Eine besonders elegante und platzsparende Methode der Birnbaumerziehung ist das Espalier-System. Diese traditionelle Technik ermöglicht es, Birnbäume in einer flachen Ebene zu kultivieren, was sie ideal für kleine Gärten oder entlang von Mauern macht. Erstaunlicherweise können espalierte Birnbäume bei sachgerechter Pflege über 150 Jahre alt werden und dabei noch Früchte tragen [s122]. Bei der praktischen Umsetzung beginnt man im ersten Jahr damit, den Haupttrieb zu etablieren und die ersten horizontalen Leittriebe auszuwählen. Diese werden dann parallel zum Boden an einem Drahtgerüst befestigt. Die Fächerform (Fan) stellt eine weitere attraktive Erziehungsmethode dar, die besonders gut für Birnen geeignet ist. Diese Methode optimiert die Lichtausnutzung und ermöglicht eine bessere Fruchtentwicklung [s124]. In der Praxis werden dabei die Hauptäste strahlenförmig von einem zentralen Punkt aus geführt. Beginnen Sie mit der Auswahl von 4-6 kräftigen Hauptästen, die Sie gleichmäßig verteilen und in einem Winkel von etwa 45 Grad anbinden. Der Schnittzeitpunkt spielt bei Birnen eine besondere Rolle. Anders als bei vielen anderen Obstarten ist der optimale Zeitpunkt im Frühjahr, wenn die Knospen zu schwellen beginnen [s125]. Dies reduziert das Risiko von Infektionen und fördert eine bessere Wundheilung. Bei der praktischen Durchführung sollten Sie zwei grundlegende Schnittarten unterscheiden: den Ausdünnschnitt für die Entfernung ganzer Äste und den Kopfschnitt zur Förderung neuer Triebe [s125]. Ein wichtiger Aspekt der Birnbaumerziehung ist das Management der Fruchtbildung. Da Birnen ihre Früchte nur an mindestens einjährigem Holz bilden [s125], ist es wichtig, ein ausgewogenes Verhältnis zwischen jungem und älterem Holz zu erhalten. In der Praxis bedeutet dies, dass Sie beim Schnitt besonders auf die Erhaltung der Fruchtsporne achten sollten, die sich über mehrere Jahre entwickeln. Für eine erfolgreiche Etablierung ist es ratsam, im ersten Jahr nach der Pflanzung alle Früchte zu entfernen [s125]. Dies mag zunächst schwerfallen, ist aber essentiell für die Entwicklung eines starken Wurzelsystems. Markieren Sie Ihren Baum mit einem robusten Etikett [s123], um die Sorte auch Jahre später noch identifizieren zu können. Die moderne Birnbaumerziehung bietet mit dem Palmetto Verrier-System eine weitere interessante Option [s122]. Diese Form kombiniert die Vorteile des klassischen Spaliers mit einer besseren Luftzirkulation. Bei der praktischen Umsetzung werden die Hauptäste in einem präzisen Winkel von 45 Grad nach oben geführt, was eine optimale Balance zwischen Wachstum und Fruchtproduktion ermöglicht. Ein besonderer Vorteil der kontrollierten Birnbaumerziehung ist die Möglichkeit, mehrere Sorten auf begrenztem Raum zu kultivieren [s122]. Dies ermöglicht nicht nur eine vielfältigere Ernte, sondern auch eine bessere Bestäubung, da viele Birnensorten selbststeril sind.

Glossar

Espalier

Eine französische Spalierzuchtmethode, bei der Obstbäume flach an Wänden oder Gerüsten gezogen werden. Die Technik wurde im 16. Jahrhundert in Frankreich entwickelt und ermöglicht eine optimale Sonnenausnutzung.

Palmetto Verrier

Ein im 19. Jahrhundert von Auguste François Verrier entwickeltes Spalierzuchtsystem, das sich durch seine U-förmige Grundstruktur und symmetrische Astanordnung auszeichnet.

3. 1. 3. Quittenkultur

Die Quittenkultur unterscheidet sich in einigen wichtigen Aspekten von der klassischen Apfel- und Birnenzucht, obwohl sie zur gleichen Pflanzenfamilie gehört. Als robuste und anpassungsfähige Obstart eignet sie sich besonders für Hobbygärtner, die nach pflegeleichten Alternativen suchen [s126]. Für eine erfolgreiche Quittenkultur ist die Standortwahl entscheidend. Die Bäume gedeihen am besten in kühleren subtropischen bis gemäßigten Klimazonen, wobei sie für eine optimale Fruchtentwicklung eine gewisse Winterkälte benötigen [s126]. In der Praxis bedeutet dies, dass man bei der Pflanzung besonders auf Frostlagen und Windexposition achten sollte. Ein geschützter, sonniger Standort an einem leichten Südhang hat sich dabei als ideal erwiesen. Die Bodenbeschaffenheit spielt eine zentrale Rolle: Quitten bevorzugen leicht saure Böden und reagieren empfindlich auf alkalische Bedingungen, die häufig zu Eisenmangel führen können [s126]. Um diesem vorzubeugen, empfiehlt sich eine regelmäßige Bodenanalyse. Bei zu hohem phwert kann durch die Einarbeitung von organischem Material wie Nadelstreu oder speziellem Rhododendron-Substrat gegengesteuert werden. Die Bewässerung ist besonders in warmen und trockenen Regionen von großer Bedeutung [s126]. Ein praktischer Tipp ist die Installation eines Tropfbewässerungssystems, kombiniert mit einer Mulchschicht aus organischem Material. Dies hilft nicht nur bei der gleichmäßigen Wasserversorgung, sondern unterdrückt auch unerwünschten Graswuchs um den Stamm. Junge Quittenbäume benötigen in den ersten Jahren besonderen Schutz vor Schädlingen und Konkurrenz durch Unkraut [s126]. Eine bewährte Methode ist das Anlegen eines Baumstreifens von etwa einem Meter Breite, der durch regelmäßiges Hacken oder organische Mulchmaterialien unkrautfrei gehalten wird. Zusätzlich sollte ein stabiler Verbissschutz gegen Wildtiere angebracht werden. Die Düngung erfolgt idealerweise mit organischen Materialien [s127]. Ein ausgewogenes Nährstoffangebot kann durch die jährliche Ausbringung von gut verrottetem Kompost im Frühjahr erreicht werden. Dabei hat sich eine Menge von etwa 2-3 Litern pro Quadratmeter Kronenbereich bewährt. Die Erntezeit erstreckt sich je nach Region und Sorte von Mitte Februar bis Ende April [s126]. Ein wichtiger Hinweis für die Praxis: Quitten sollten erst geerntet werden, wenn sie ihre sortenspezifische Färbung erreicht haben und sich leicht vom Baum lösen. Die Früchte reifen im Gegensatz zu Äpfeln und Birnen nicht nach, sondern sollten vollreif geerntet werden. Besonders interessant für Erwerbsanbauer ist das hohe Ertragspotential: Etablierte Anlagen können 25-35 Tonnen Früchte pro Hektar liefern [s126]. Für den Hobbygarten bedeutet dies, dass bereits ein einzelner gut gepflegter Baum eine Familie ausreichend mit Früchten versorgen kann.

Ein regelmäßiges Monitoring der Pflanzen ist unerlässlich [s127]. Dabei sollte besonders auf Anzeichen von Nährstoffmangel, Krankheiten oder Schädlingsbefall geachtet werden. Eine bewährte Methode ist das Führen eines Gartentagebuchs, in dem Beobachtungen, durchgeführte Pflegemaßnahmen und Ernteergebnisse dokumentiert werden. Die Verarbeitung der Früchte bietet vielfältige Möglichkeiten: Neben der klassischen Verwendung für Marmeladen und Gelees können Quitten auch gedünstet oder eingelegt werden [s126]. Ein besonderer Reiz liegt in der Farbentwicklung beim Kochen, wo die meisten Sorten eine attraktive rosa Färbung entwickeln.

Nährstoffmangel [i16]

Glossar

subtropisch

Klimazone zwischen den gemäßigten und tropischen Breiten, gekennzeichnet durch heiße Sommer und milde Winter mit gelegentlichen Frostperioden.

Zusammenfassung - 3. 1. Kernobst

- Apfelbäume sollten auf 1,8 bis 2,4 Meter Höhe begrenzt werden für optimale Pflege und Ernte.
- Die "Regenschirm-Form" mit nach unten gebogenen Ästen ermöglicht besonders gute Erreichbarkeit der Früchte.
- Alternative Ansätze nach Fukuoka und Holzer befürworten minimale Baumpflege für weniger krankheitsanfällige Bäume.
- Hochdichte-Obstanlagen erfordern pyramidenförmige Bäume mit 2,5-3 Metern Höhe und maximal 2,1 Metern Breite.
- Der zentrale Leittrieb fungiert als natürlicher Wachstumsregulator und sollte nur im Notfall geschnitten werden.
- Espalierte Birnbäume können bei sachgerechter Pflege über 150 Jahre alt werden und dabei noch Früchte tragen.
- Die Fächerform optimiert bei Birnen die Lichtausnutzung durch strahlenförmig angeordnete Hauptäste im 45-Grad-Winkel.
- Birnen bilden Früchte nur an mindestens einjährigem Holz.
- Das Palmetto Verrier-System kombiniert klassisches Spalier mit verbesserter Luftzirkulation.
- Quitten benötigen für optimale Fruchtentwicklung eine gewisse Winterkälte trotz subtropischer Herkunft.
- Etablierte Quittenanlagen können 25-35 Tonnen Früchte pro Hektar liefern.
- Quitten reifen im Gegensatz zu Äpfeln und Birnen nicht nach der Ernte weiter.

3. 2. Steinobst

Steinobst stellt Gärtner vor besondere Herausforderungen: Wie lässt sich die hohe Krankheitsanfälligkeit von Kirschen, Pflaumen, Pfirsichen und Aprikosen in den Griff bekommen? Welche Rolle spielt der richtige Schnitt für gesunde Bäume und reiche Ernten? Und warum reagieren diese Obstarten so empfindlich auf Standort und Witterung? Die erfolgreiche Kultur von Steinobst erfordert fundiertes Wissen über die spezifischen Bedürfnisse jeder einzelnen Art. Während Kirschen beispielsweise eine offene Kronenform bevorzugen, gedeihen Pfirsiche optimal in V-Form. Pflaumen wiederum entwickeln von Natur aus einen aufrechten Wuchs, der durch gezielte Schnittmaßnahmen korrigiert werden muss. Die folgenden Kapitel zeigen detailliert die wichtigsten Pflegemaßnahmen für die verschiedenen Steinobstarten - vom richtigen Aufbau der Jungbäume bis zur dauerhaften Erhaltung gesunder, ertragreicher Kronen.

„Steinobst ist besonders anfällig für verschiedene Pathogene.“

3. 2. 1. Kirschbaumpflege

Die fachgerechte Pflege von Kirschbäumen erfordert ein umfassendes Verständnis verschiedener Pflegemaßnahmen, die über das gesamte Jahr verteilt durchgeführt werden müssen. Ein besonders wichtiger Aspekt ist dabei der richtige Schnitt, der maßgeblich die spätere Entwicklung und den Ertrag des Baumes beeinflusst [s128]. Beim Aufbau eines jungen Kirschbaums wird das sogenannte Vase-System oder die offene Krone angestrebt. Hierfür wird der zentrale Stamm auf einen geeigneten Seitenast zurückgeschnitten, wodurch sich idealerweise drei bis vier kräftige Leitäste entwickeln können. Diese sollten in einem Winkel von 60 bis 90 Grad vom Stamm abgehen, was eine optimale Belichtung aller Bereiche der Krone gewährleistet [s128]. In der Praxis kann man diese Winkel beispielsweise mit Holzstäben oder speziellen Spreizern fixieren, bis die Äste ihre endgültige Position eingenommen haben. Die Standortwahl spielt eine entscheidende Rolle für die erfolgreiche Kirschbaumpflege. Der ideale Standort zeichnet sich durch gute Luftzirkulation und eine effektive Bodenentwässerung aus. Zusätzlich sollte der Baum vor starken Winden geschützt sein [s129]. Bei der Pflanzung empfiehlt es sich daher, windexponierte Lagen zu meiden oder gegebenenfalls einen Windschutz zu etablieren. Ein wichtiger Bestandteil der Pflege ist das Management der Bodenfeuchtigkeit. Eine 5 bis 8 Zentimeter dicke Mulchschicht aus organischem Material um den Stammbereich herum hilft dabei, die Feuchtigkeit im Boden zu halten und gleichzeitig das Unkrautwachstum zu reduzieren [s129]. Der Mulch sollte jedoch nicht direkt an den Stamm heranreichen, um Fäulnis zu vermeiden. Ein Abstand von etwa 10 Zentimetern zum Stamm hat sich in der Praxis bewährt. Die regelmäßige Überwachung von Schädlingen und Krankheiten ist unerlässlich, da Steinobst besonders anfällig für verschiedene Pathogene ist [s130]. Besondere Aufmerksamkeit sollte der Vorbeugung der gefürchteten Braunen Fäule gewidmet werden. Eine gute Durchlüftung der Krone durch regelmäßigen Schnitt ist dabei eine der wichtigsten vorbeugenden Maßnahmen [s129]. Der Erneuerungsschnitt ist ein weiterer wichtiger Aspekt der Kirschbaumpflege. Dabei werden ältere Zweige regelmäßig entfernt, um das Wachstum neuer Triebe anzuregen. Diese neuen Triebe werden im zweiten Jahr Früchte tragen [s129]. Bei dieser Maßnahme sollte man darauf achten, die Schnitte glatt und leicht schräg anzusetzen, um das Abfließen von Regenwasser zu gewährleisten. Die Nährstoffversorgung und

Bewässerung müssen kontinuierlich überwacht werden [s130]. Besonders in der Hauptwachstumsphase und während der Fruchtentwicklung ist eine ausreichende Wasserversorgung wichtig. Ein bewährter Praxistipp ist die Installation eines Bewässerungssystems mit Tropfschläuchen, das eine gleichmäßige Wasserversorgung gewährleistet. Für eine optimale Fruchtqualität ist auch das Ausdünnen der Früchte von Bedeutung [s130]. Diese Maßnahme sollte durchgeführt werden, wenn die Früchte etwa die Größe einer Haselnuss erreicht haben. Dabei werden überzählige oder beschädigte Früchte entfernt, um den verbleibenden Früchten optimale Entwicklungsbedingungen zu bieten. Der Zeitpunkt des Schnitts ist ebenfalls entscheidend. Bei weniger winterharten Sorten sollte der Schnitt im späten Winter, kurz vor Beginn der neuen Wachstumsperiode, durchgeführt werden [s128]. Dies minimiert das Risiko von Frostschäden an den Schnittstellen und ermöglicht eine schnelle Wundheilung mit Beginn der Vegetationsperiode.

Braune Fäule [i17]

Glossar

Pathogen

Krankheitserreger wie Pilze, Bakterien oder Viren, die Pflanzenkrankheiten verursachen können. Bei Steinobst sind besonders Pilzerkrankungen häufig.

Vase-System

Eine traditionelle Erziehungsform bei Obstbäumen, bei der die Krone schalenförmig ohne Mitteltrieb aufgebaut wird, was an eine Blumenvase erinnert. Diese Form ermöglicht eine besonders gute Besonnung der Früchte und erleichtert die Ernte.

3. 2. 2. Pflaumenerziehung

Die Pflaumenerziehung beginnt idealerweise direkt nach der Pflanzung und ist entscheidend für die spätere Entwicklung des Baumes. Anders als bei anderen Obstbaumarten neigen Pflaumenbäume zu einem besonders aufrechten Wuchs [s131], was eine angepasste Schnittstrategie erforderlich macht. In den ersten zwei bis drei Jahren nach der Pflanzung liegt der Fokus auf der Entwicklung einer gut strukturierten Baumkrone [s131]. Der erste wichtige Schnitt erfolgt direkt nach der Pflanzung, wobei der zentrale Stamm auf eine Höhe von 60 bis 75 Zentimeter über dem Boden zurückgeschnitten wird [s132]. Dies fördert die Entwicklung von drei bis vier kräftigen Seitenästen, die das spätere Grundgerüst des Baumes bilden werden. In der Praxis hat es sich bewährt, diese Seitenäste in einer Höhe von 75 bis 90 Zentimeter über dem Boden zu etablieren [s132]. Bei der Kronenentwicklung wird eine pyramidenförmige Struktur angestrebt, die an einen Weihnachtsbaum erinnert [s133]. Diese Form gewährleistet eine optimale Lichtverteilung innerhalb der Krone, was sich positiv auf die Fruchtqualität und -menge auswirkt. Um diese Form zu erreichen, werden alle kleinen Äste am Hauptstamm entfernt, wodurch ein offenes Zentrum entsteht [s132]. Ein praktischer Tipp dabei ist, zunächst die Schnittstellen mit Kreide zu markieren und erst nach einer Gesamtbeurteilung der Kronenstruktur mit dem Schnitt zu beginnen. Im zweiten und dritten Standjahr konzentriert sich die Erziehung auf die Auswahl von zwei bis drei kräftigen Seitenästen, die nach außen von den Hauptästen wachsen [s131]. Diese sollten möglichst gleichmäßig um den Stamm verteilt sein. Bei der Auswahl der Leitäste ist besonders auf deren Ansatzwinkel zu achten - zu steile Winkel können später zu Astbrüchen führen. Der Sommerschnitt spielt bei Pflaumen eine wichtige Rolle [s133]. Dabei werden aufrecht wachsende Triebe entfernt und die Äste gespreizt, was die gewünschte Entwicklung der Krone unterstützt. Ein bewährter Praxistipp ist das Einsetzen von Spreizholz zwischen den Ästen, um optimale Astwinkel zu erreichen und zu fixieren. Bei der Pflanzung und späteren Pflege ist der Standort von großer Bedeutung. Pflaumenbäume benötigen ausreichend Abstand zueinander, damit sich die Kronen bei voller Größe nicht überlappen und jeder Baum optimal von der Sonne profitieren kann [s134]. Als Faustregel gilt: Der Pflanzabstand sollte der erwarteten Kronenhöhe entsprechen.

Besondere Aufmerksamkeit muss der Vermeidung von Rindenverletzungen und der sorgfältigen Ausführung von Schnitten gewidmet werden, da Steinobst besonders anfällig für Kankererkrankungen ist [s135]. Schnitte sollten immer mit scharfem, sauberem Werkzeug ausgeführt werden. Ein praktischer Tipp ist das Desinfizieren der Schnittwerkzeuge zwischen den einzelnen Bäumen mit Alkohol oder speziellen Desinfektionsmitteln. Die Veredlungsstelle zwischen Unterlage und Edelreis spielt eine wichtige Rolle für das Wachstum des Baumes [s134]. Sie sollte bei der Pflanzung etwa 5 Zentimeter über der Bodenoberfläche liegen. Ein zu tiefes Pflanzen kann zu Problemen mit der Wurzelbildung und der Entwicklung des Edelreises führen. Die jährliche Pflege umfasst das konsequente Entfernen von totem, krankem oder beschädigtem Holz [s133]. Dabei sollte besonders auf Anzeichen von Krankheiten oder Schädlingsbefall geachtet werden. Ein regelmäßiger Kontrollgang, idealerweise alle zwei Wochen während der Vegetationsperiode, hilft dabei, Probleme frühzeitig zu erkennen und entsprechende Maßnahmen einzuleiten.

Kankererkrankungen [i18]

Glossar

Kanker

Eine gefährliche Pilzerkrankung bei Obstbäumen, die durch offene Wunden eindringt und das Gewebe zerstört. Zeigt sich durch eingesunkene, dunkle Rindenstellen und absterbende Bereiche.

3. 2. 3. Pfirsichkultur

Pfirsichbäume stellen besondere Ansprüche an Standort und Pflege, die sich deutlich von anderen Steinobstarten unterscheiden. Als wärmeliebende Kultur benötigen sie einen gut durchlässigen Boden und geschützte Lagen [s136]. Die Pflanzung erfolgt idealerweise während der Winterruhe bis zum zeitigen Frühjahr, wobei die Veredlungsstelle etwa 5 cm über dem Boden liegen sollte [s136]. Die Anfälligkeit für Winterfrost und Spätfröste erfordert besondere Aufmerksamkeit bei der Standortwahl [s137]. Dabei spielt die Anzahl der Kälteeinheiten eine wichtige Rolle für die Entwicklung von Blüten- und Blattknospen - jede Sorte hat hier spezifische Anforderungen [s138]. In der Praxis empfiehlt sich daher die Wahl von regional angepassten Sorten, die auf die lokalen klimatischen Bedingungen abgestimmt sind. Ein charakteristisches Merkmal der Pfirsichkultur ist die Fruchtbildung am zweijährigen Holz [s139]. Dies erfordert eine spezielle Schnittstrategie zur regelmäßigen Verjüngung des Fruchtholzes. Bei der Erziehung haben sich verschiedene Systeme bewährt, darunter das Spalier- und das V-System [s139]. Letzteres ermöglicht durch zwei im 45-Grad-Winkel gezogene Hauptäste eine optimale Lichtausnutzung. Die Baumhöhe sollte begrenzt werden, um Pflege und Ernte zu erleichtern [s140]. Ein wichtiger Praxistipp ist das Einhalten einer maximalen Höhe von 2,5 Metern, was ohne Leiter eine komfortable Bearbeitung ermöglicht. Die Düngung erfolgt etwa einen Monat vor Vegetationsbeginn im Frühjahr [s141], wobei die Nährstoffgaben an den Entwicklungszustand des Baumes anzupassen sind.

Besondere Aufmerksamkeit erfordert das Wassermanagement, da Pfirsiche ein eher flaches Wurzelsystem entwickeln [s137]. Gerade in den ersten fünf Standjahren ist eine regelmäßige Bewässerung unerlässlich. Ein bewährtes System ist die Installation von Tropfschläuchen im Wurzelbereich, die eine gleichmäßige Wasserversorgung gewährleisten. Die Anfälligkeit für verschiedene Krankheiten wie Blattkräusel, Braune Fäule und Schorf erfordert ein durchdachtes Pflanzenschutzkonzept [s142]. Ein

Wassermanagement [i19]

integrierter Ansatz kombiniert dabei vorbeugende Kulturmaßnahmen mit gezielten Pflanzenschutzeinsätzen. Wichtig ist ein saisonaler Behandlungsplan, der sich an den Entwicklungsstadien der Bäume orientiert. Die Fruchtverdünnung ist eine wichtige Pflegemaßnahme, die durchgeführt werden sollte, wenn die Früchte etwa Münzgröße erreicht haben [s141]. Dies verbessert nicht nur die Fruchtqualität, sondern beugt auch einem alternierenden Ertrag vor. Als Faustregel gilt: Der Abstand zwischen den Früchten sollte etwa eine Handbreite betragen. Moderne Pflanzsysteme ermöglichen höhere Pflanzdichten und eine verbesserte Lichtverteilung im Kronenbereich [s138]. Besonders bei Spalieranlagen hat sich die Verwendung von Drahtrahmen bewährt, die eine optimale Führung der Äste ermöglichen. Die Pflege wird dadurch vereinfacht und die Ertragsleistung pro Flächeneinheit erhöht. Der jährliche Schnitt ist essentiell für die Erhaltung der Baumform und die Förderung des Wachstums [s143]. Bei etablierten Bäumen im Alter von drei bis zehn Jahren erfolgt dieser sowohl während der Winterruhe als auch im Spätsommer. Dabei werden vor allem steile und nach innen wachsende Triebe entfernt, um eine offene Kronenstruktur zu erhalten.

Glossar

Blattkräusel
Eine durch den Pilz Taphrina deformans verursachte Krankheit, die sich durch rötliche Verfärbungen und Verformungen der Blätter auszeichnet. Befallene Blätter werden dick und blasig.

Braune Fäule
Eine Pilzerkrankung, die braune, runde Faulstellen auf den Früchten verursacht. Die befallenen Früchte mumifizieren und bleiben oft über Winter am Baum hängen.

Kälteeinheit
Maßeinheit für die Dauer und Intensität von niedrigen Temperaturen, die Obstbäume für ihre Entwicklung benötigen. Eine Kälteeinheit entspricht dabei einer Stunde bei Temperaturen zwischen 0 und 7 Grad Celsius.

3. 2. 4. Aprikosenpflege

Die Kultivierung von Aprikosen stellt besondere Anforderungen an Pflege und Standort, die sich deutlich von anderen Obstarten unterscheiden. Als anspruchsvolle Kultur benötigen Aprikosen intensive Betreuung über das gesamte Jahr [s144]. Die erfolgreiche Aprikosenpflege beginnt bereits bei der Sortenwahl, die sich stark nach den regionalen Gegebenheiten richten muss. Besonders in den ersten fünf Standjahren ist eine sorgfältige Wasserversorgung von entscheidender Bedeutung. Die Bäume benötigen regelmäßiges, tiefes Gießen während kritischer Wachstumsphasen [s145]. In der Praxis hat sich die Installation eines Bewässerungssystems mit Tropfschläuchen bewährt, das eine gleichmäßige Wasserversorgung gewährleistet und gleichzeitig Staunässe vermeidet. Ein bewährter Praxistipp ist das Anlegen einer Gießmulde um den Stammbereich, die das Wasser gezielt in die Wurzelzone leitet. Die Krankheitsanfälligkeit von Aprikosen erfordert besondere Aufmerksamkeit im Pflanzenschutz. Insbesondere die braune_faeule kann bei feuchter Witterung erhebliche Schäden verursachen [s145]. Vorbeugende Maßnahmen wie eine gute Durchlüftung der Krone und die konsequente Entfernung befallener Pflanzenteile sind dabei von zentraler Bedeutung. Ein regelmäßiger Kontrollgang, idealerweise alle 7-10 Tage während der Vegetationsperiode, hilft dabei, Krankheitssymptome frühzeitig zu erkennen. Die intensive Pflege von Aprikosen spiegelt sich auch im erhöhten Arbeitsaufwand wider [s144]. Anders als bei robusteren Obstarten wie Feigen oder Nüssen erfordern Aprikosen regelmäßige Pflegemaßnahmen über die gesamte Vegetationsperiode. Ein strukturierter Pflegeplan, der alle notwendigen Maßnahmen zeitlich koordiniert, hat sich in der Praxis bewährt. Dabei sollten die Arbeiten wie Schnitt, Düngung und Pflanzenschutz optimal aufeinander abgestimmt sein. Die regionale Anpassung der Kulturführung ist ein weiterer Schlüsselfaktor für den Erfolg. In Gebieten mit ungünstigeren klimatischen Bedingungen muss die Pflege intensiviert werden [s144]. Dies kann beispielsweise bedeuten, dass zusätzliche Schutzmaßnahmen gegen Spätfröste ergriffen werden müssen oder die Schnittmaßnahmen an die lokalen Gegebenheiten angepasst werden. Ein praktischer Ansatz ist die Verwendung von Vlies oder anderen Schutzmaterialien während kritischer Witterungsperioden. Die konstante Produktion von qualitativ hochwertigen Früchten stellt eine besondere Herausforderung dar [s144]. Um dies zu erreichen, ist ein ausgewogenes

Verhältnis zwischen vegetativem Wachstum und Fruchtansatz erforderlich. Die Fruchtverdünnung spielt dabei eine wichtige Rolle und sollte durchgeführt werden, sobald die Früchte etwa Walnussgröße erreicht haben. Als Faustregel gilt: Ein Abstand von 8-10 cm zwischen den Früchten fördert eine optimale Entwicklung. Die Standortwahl ist ein weiterer kritischer Faktor für die erfolgreiche Aprikosenkultur. Geschützte, sonnige Lagen mit guter Luftzirkulation sind ideal. In der Praxis haben sich Standorte an Hauswänden oder in windgeschützten Bereichen bewährt, die zusätzlichen Schutz vor ungünstigen Witterungseinflüssen bieten.

Zusammenfassung - 3. 2. Steinobst

- Kirschbäume werden im Vase-System mit 3-4 Leitästen in 60-90 Grad Winkel erzogen
- Eine 5-8 cm dicke Mulchschicht mit 10 cm Abstand zum Stamm optimiert die Bodenfeuchtigkeit
- Neue Fruchttriebe tragen im zweiten Jahr Früchte
- Pflaumenbäume werden auf 60-75 cm Höhe zurückgeschnitten und entwickeln 3-4 Seitenäste in 75-90 cm Höhe
- Die pyramidenförmige Krone der Pflaume ermöglicht optimale Lichtverteilung
- Spreizholz zwischen den Ästen fixiert optimale Astwinkel
- Pfirsiche bilden Früchte am zweijährigen Holz
- Das V-System mit 45-Grad-Winkeln maximiert die Lichtausnutzung bei Pfirsichen
- Die optimale Baumhöhe für Pfirsiche liegt bei 2,5 Metern
- Der Fruchtabstand bei Pfirsichen sollte eine Handbreite betragen
- Aprikosen benötigen in den ersten 5 Jahren regelmäßiges, tiefes Gießen
- Die Fruchtverdünnung bei Aprikosen erfolgt bei Walnussgröße mit 8-10 cm Abstand
- Kontrollgänge alle 7-10 Tage sind für die Krankheitsvorbeugung bei Aprikosen essentiell

3. 3. Zitrusgewächse

Die Kultivierung von Zitrusgewächsen stellt Gärtner in Mitteleuropa vor besondere Herausforderungen. Wie lassen sich diese wärmeliebenden Pflanzen erfolgreich in unseren Breiten kultivieren? Welche Bedingungen müssen für eine erfolgreiche Überwinterung geschaffen werden? Und welche grundlegenden Unterschiede bestehen zwischen der Pflege von Orangen- und Zitronenbäumen? Die Faszination der Zitruskultur liegt nicht nur in den aromatischen Früchten, sondern auch in der ganzjährigen Präsenz von Blüten und Früchten am selben Baum. Während die Kultivierung dieser Gewächse zunächst komplex erscheinen mag, ermöglichen durchdachte Pflege- und Schnittkonzepte auch in kühleren Regionen erstaunliche Erfolge. Die folgenden Ausführungen zeigen praxiserprobte Methoden, mit denen Sie Ihre eigenen Zitrusfrüchte ernten können.

„Zitrusgewächse reagieren empfindlich auf Frost und benötigen Temperaturen zwischen 18-24°C tagsüber und 13-18°C nachts.“

3. 3. 1. Orangenbaumkultur

Die Kultur von Orangenbäumen erfordert ein fundiertes Verständnis ihrer spezifischen Bedürfnisse und Wachstumsmuster. Als tropische und subtropische Gewächse benötigen sie warme Temperaturen zwischen 18-24°C tagsüber und 13-18°C nachts, wobei Temperaturen unter 0°C vermieden werden müssen [s146]. Ein erfolgreicher Anbau beginnt mit der richtigen Standortwahl: Orangenbäume brauchen mindestens 6 Stunden direktes Sonnenlicht täglich und gedeihen am besten in leicht saurem, sandigem Boden mit guter Drainage [s146]. Die Bewässerung spielt eine zentrale Rolle: Jungpflanzen benötigen alle drei bis sieben Tage Wasser, etablierte Bäume können mit wöchentlicher oder zweiwöchentlicher Bewässerung auskommen [s147]. Dabei gilt es, die goldene Mitte zu finden - der Boden sollte gleichmäßig feucht, aber nie wassergesättigt sein. Ein praktischer Tipp ist die Finger-Probe: Stecken Sie den Finger etwa 5 cm tief in die Erde - fühlt sie sich trocken an, ist es Zeit zum Gießen. Der Schnitt von Orangenbäumen unterscheidet sich von dem laubabwerfender Obstbäume, da sie als immergrüne Pflanzen weniger intensive Schnittmaßnahmen benötigen [s148]. Dennoch ist regelmäßiger Schnitt unerlässlich für optimale Fruchtqualität und Produktivität. Der beste Zeitpunkt liegt nach der Frostgefahr und vor der Sommerhitze [s148]. Bei der praktischen Durchführung sollten Sie zunächst alle toten und beschädigten Äste entfernen. Besonders wichtig ist das sogenannte "Skirt-Pruning" - dabei werden die unteren Äste bis zu einer Höhe von einem Meter entfernt, was das Risiko von bodenbürtigen Krankheitserregern reduziert [s149]. Ein wichtiger Aspekt der Orangenbaumkultur ist das Pestmanagement. Monatliche Kontrollen auf Schädlinge und Krankheitssymptome sind unverzichtbar [s147]. Dabei sollten Sie besonders auf Verfärbungen, Fraßspuren und ungewöhnliche Wuchsformen achten. Eine gute Luftzirkulation durch gezieltes Auslichten der Krone kann bereits präventiv gegen viele Krankheiten wirken. Die Fruchtbildung erfolgt am neuen Holz [s149], weshalb der Schnitt besonders wichtig für die Ertragsbildung ist. Um eine optimale Fruchtentwicklung zu gewährleisten, sollte die Krone so ausgelichtet werden, dass ausreichend Licht ins Innere dringen kann [s148]. Ein praktischer Tipp: Halten Sie beim Schneiden einen Abstand von etwa 30-40 cm zwischen größeren Ästen ein, damit sich keine zu dichte Krone bildet. Bei der Pflege älterer Bäume kann es notwendig werden, die Baumhöhe zu reduzieren. Dies erleichtert nicht nur die Ernte, sondern senkt auch Arbeitskosten und Verletzungsrisiken [s148]. Dabei sollte der Schnitt immer mit der Klinge zum Baum hin erfolgen, um Verletzungen der Rinde zu vermeiden. Verwenden Sie saubere, scharfe Werkzeuge - Handschneider für kleine Äste, Astscheren für mittlere und eine Handsäge für größere Äste [s148]. Ein faszinierender Aspekt der Orangenbaumkultur ist das Phänomen der alternierenden Ernte, das durch gezielten Schnitt beeinflusst werden kann. Nach einem schwachen Erntejahr empfiehlt sich ein stärkerer Rückschnitt, um das Gleichgewicht wiederherzustellen [s148]. Die Erntezeit selbst variiert je nach Sorte und saisonalen Bedingungen [s147]. Ein praktischer Hinweis: Ernten Sie die Früchte erst, wenn sie ihre sortentypische Farbe erreicht haben und sich leicht vom Zweig lösen lassen. Bei der Kultur in Töpfen, besonders bei Zwergformen, ist alle drei Jahre ein Umtopfen erforderlich [s146]. Wählen Sie dabei ein gut durchlässiges Substrat und einen Topf, der etwa 20% größer ist als der vorherige. Die weißen, duftenden Blüten erscheinen im Frühjahr und sind in der Regel selbstbestäubend [s146], was die Kultur auch für Hobbygärtner attraktiv macht.

Glossar

Skirt-Pruning

Eine spezielle Schnitttechnik bei Zitrusbäumen, die ursprünglich aus der kalifornischen Zitrusproduktion stammt und neben der Krankheitsprävention auch die maschinelle Bearbeitung des Bodens erleichtert

3. 3. 2. Zitronenpflege

Die Pflege von Zitronenbäumen erfordert besondere Aufmerksamkeit, da sie zu den empfindlichsten Vertretern der Zitrusgewächse gehören. Im Vergleich zu anderen Zitrusarten reagieren sie deutlich sensibler auf Frost [s150], weshalb die Standortwahl mit besonderer Sorgfalt erfolgen sollte. Bei der Auswahl der passenden Zitronensorte spielen verschiedene Faktoren wie das lokale Mikroklima, die geplante Pflanzart und die gewünschte finale Größe eine entscheidende Rolle [s150]. Für Hobbygärtner mit begrenztem Platz oder in klimatisch ungünstigen Regionen bieten sich Zwerg-Zitronensorten an, die sich hervorragend als Kübelpflanzen eignen und eine überschaubare Höhe von 90-180 cm erreichen [s151]. Diese Varianten ermöglichen auch die Kultur als Zimmerpflanzen, vorausgesetzt, die Grundbedürfnisse wie ausreichend Licht werden erfüllt. Die Bewässerung von Zitronenbäumen erfordert ein durchdachtes Management, besonders bei Topfkultur. Während Freilandpflanzen mit einer regelmäßigen Bewässerung auskommen, benötigen Kübelpflanzen aufgrund des begrenzten Wurzelraums intensivere Pflege [s152]. Als praktische Faustregel gilt: Prüfen Sie die obersten 5 cm des Substrats - erst wenn diese trocken sind, ist eine erneute Bewässerung nötig [s153]. In der warmen Jahreszeit kann dies bei Topfpflanzen eine tägliche Bewässerung bedeuten, während in kühleren Perioden ein wöchentlicher Rhythmus ausreicht [s152]. Die Nährstoffversorgung spielt eine zentrale Rolle bei der Zitronenpflege. Besonders charakteristisch ist ihre Anfälligkeit für Mikronährstoffmängel [s152]. Ein spezieller Zitrusdünger, der neben den Hauptnährstoffen auch Spurenelemente wie Eisen, Mangan und Zink enthält, ist daher unerlässlich. Dabei gilt der Grundsatz "wenig, aber oft" [s152]. Während der Hauptwachstumsphase empfiehlt sich eine dreimalige Düngergabe mit einem stickstoffbetonten oder ausgewogenen Universaldünger [s153]. Ein häufiger Fehler, der zum Absterben von Zitronenbäumen führen kann, liegt bereits in der Pflanzphase. Besonders bei Containerpflanzen ist auf eine sorgfältige Wurzelbehandlung zu achten [s150]. Praktischer Tipp: Lösen Sie vor dem Einpflanzen vorsichtig die Wurzeln und schneiden Sie stark eingedrehte Wurzeln zurück, um ein gesundes Wurzelwachstum zu fördern. Im Gegensatz zu vielen anderen Obstgehölzen erfordern Zitronenbäume nur minimale Schnittmaßnahmen [s154]. Der Fokus liegt dabei auf der Größenkontrolle und dezenter Formgebung. Ein wichtiger Praxistipp:

Konzentrieren Sie sich beim Schnitt auf die äußeren Bereiche der Krone. Ein zu starkes Auslichten des Kroneninneren sollte vermieden werden, da dies zu Sonnenbrand führen kann [s154]. Entfernen Sie lediglich abgestorbene oder kranke Zweige und solche, die sich kreuzen oder nach innen wachsen. Bei der Kultur als Zimmerpflanze ist zusätzlich auf eine ausreichende Luftfeuchtigkeit zu achten. Regelmäßiges Besprühen der Blätter mit kalkarmem Wasser kann hier Abhilfe schaffen [s151]. In der Blütezeit kann eine manuelle Bestäubung mit einem feinen Pinsel die Fruchtbildung unterstützen, da natürliche Bestäuber in Innenräumen fehlen [s151].

Glossar

Mikroklima
: Beschreibt die klimatischen Bedingungen in einem räumlich eng begrenzten Bereich, wie etwa einem Garten oder einer Terrasse. Kann sich deutlich vom allgemeinen Klima der Region unterscheiden.

Spurenelement
: Lebenswichtige Mineralstoffe, die Pflanzen nur in sehr geringen Mengen benötigen. Sie sind trotz der kleinen Menge unverzichtbar für gesundes Wachstum.

3. 3. 3. Überwinterung

Die Überwinterung von Zitrusgewächsen stellt Gärtner vor besondere Herausforderungen, da diese Pflanzen empfindlich auf Frost reagieren. Für eine erfolgreiche Überwinterung ist es entscheidend, die Pflanzen rechtzeitig vor den ersten Frösten zu schützen. Als Faustregel gilt: Sobald die Temperaturen regelmäßig unter 10°C fallen, sollten Kübelpflanzen ins Haus gebracht werden [s155]. Um den Übergang zu erleichtern, empfiehlt es sich, die Pflanzen bereits im Herbst schrittweise an einen schattigeren Standort zu gewöhnen - dies bereitet sie auf die geringeren Lichtverhältnisse während der Überwinterung vor. Für Freilandpflanzungen gibt es verschiedene Strategien, abhängig von der Winterhärte der jeweiligen Sorte. Einige speziell veredelte Mandarinen und bestimmte Kumquats können in Zone 8b im Freien überwintern [s155]. Diese Widerstandsfähigkeit wird durch die Verwendung spezieller Unterlagen erreicht [s156]. Bei Temperaturen unter -6°C sollten jedoch auch diese robusten Sorten zusätzlich geschützt werden, etwa durch Frostschutzvliese oder spezielle Frostjacken [s156]. Die Schaffung eines günstigen mikroklimas spielt eine zentrale Rolle bei der Freilandüberwinterung. Eine südexponierte Hauswand bietet ideale Bedingungen, da sie tagsüber Wärme speichert und nachts wieder abgibt [s157]. In der Praxis hat sich bewährt, zusätzlich isolierende Materialien wie Agro-Gewebe zu verwenden. Diese können mehrlagig angebracht werden, wobei zwischen den Lagen eine isolierende Luftschicht entsteht. Ein praktischer Tipp: Bringen Sie das Vlies nicht direkt auf den Blättern an, sondern bauen Sie eine Art Zelt um die Pflanze, um Frostschäden durch Kontakt zu vermeiden. Bei der Überwinterung im Gewächshaus ist besondere Aufmerksamkeit geboten. Zwar bietet ein Gewächshaus guten Schutz vor Frost, die warmen Bedingungen können jedoch auch Schädlinge begünstigen [s158]. Regelmäßige Kontrollen sind daher unerlässlich. Ein bewährter Praxistipp ist das Aufstellen von Gelbtafeln, die frühzeitig einen Schädlingsbefall anzeigen können. Für Kübelpflanzen, die im Haus überwintern, ist die richtige Standortwahl entscheidend. Ein heller, kühler Raum mit Temperaturen zwischen 5-15°C ist ideal. Vermeiden Sie Standorte in der Nähe von Heizkörpern, da die trockene Heizungsluft den Pflanzen schadet. Ein praktischer Ratschlag: Stellen Sie die Töpfe auf mit Wasser gefüllte Kieselschalen, um die Luftfeuchtigkeit zu erhöhen. Während der Überwinterung sollte die Bewässerung deutlich reduziert werden. Gießen

Sie nur so viel, dass das Substrat nicht völlig austrocknet. Ein bewährter Trick ist es, einen Holzstab ins Substrat zu stecken - klebt beim Herausziehen Erde daran, ist noch genügend Feuchtigkeit vorhanden. Auf Düngung wird während der Winterruhe komplett verzichtet. Besondere Beachtung verdient die Lichtversorgung bei der Überwinterung im Haus. Zitrusgewächse benötigen auch im Winter ausreichend Licht. Bei ungünstigen Lichtverhältnissen kann eine Zusatzbeleuchtung mit Pflanzenlampen sinnvoll sein. Dabei sollte die Beleuchtungsdauer der natürlichen Tageslänge angepasst werden. Der Übergang ins Frühjahr muss behutsam gestaltet werden. Gewöhnen Sie die Pflanzen langsam wieder an die Außenbedingungen, indem Sie sie zunächst für einige Stunden nach draußen stellen und die Zeit schrittweise verlängern. Dies verhindert Sonnenbrand und Schockzustände durch zu abrupte Klimawechsel.

3. 3. 4. Kübelhaltung

Die Kübelhaltung von Zitrusgewächsen bietet eine flexible Möglichkeit, diese mediterranen Pflanzen auch in kühleren Klimazonen erfolgreich zu kultivieren. Dabei spielt die Wahl des richtigen Gefäßes eine entscheidende Rolle für das langfristige Gedeihen der Pflanzen. Ein ausreichend großer Kübel mit guter Drainage ist fundamental - Wasserabzugslöcher und eine Drainageschicht aus Blähton oder grobem Kies sind unverzichtbar [s159]. Das Pflanzsubstrat sollte speziell auf die Bedürfnisse von Zitrusgewächsen abgestimmt sein. Eine Mischung aus durchlässiger, humusreicher Erde mit kompostiertem Dünger fördert ein gesundes Wurzelwachstum [s159]. Ein praktischer Tipp: Mischen Sie dem Substrat etwa 20% groben Sand oder Perlite bei, um die Durchlässigkeit zusätzlich zu verbessern. Bei der Auswahl der Pflanzenvariante sollten Sie Ihre spezifischen Bedürfnisse berücksichtigen. Für architektonische Akzente eignen sich größere Exemplare, während für regelmäßige Ernte ohne Hilfsmittel kompaktere Sorten vorzuziehen sind [s159]. Besonders praktisch sind kontinuierlich blühende und fruchtende Varianten, die das ganze Jahr über Erträge liefern. Die Mobilität der Kübelpflanzen ermöglicht es, sie je nach Jahreszeit optimal zu platzieren. Im Sommer gedeihen sie an einem sonnigen, windgeschützten Standort im Freien. Sobald die Temperaturen unter 10°C fallen, müssen die Pflanzen in frostgeschützte Räume gebracht werden [s160]. Ein bewährter Praxistipp: Montieren Sie die Kübel auf Rolluntersetzer, um den saisonalen Standortwechsel zu erleichtern.

Die Überwinterung stellt besondere Anforderungen an die Kübelhaltung. Ein beheiztes Gewächshaus bietet optimale Bedingungen [s160]. Alternativ eignen sich auch kühle, helle Räume. Historisch wurden Zitrusbäume sogar in bis zu zwei Meter tiefen Gräben kultiviert, um sie vor Frost zu schützen [s161] - eine Methode, die das grundlegende Bedürfnis nach Frostschutz unterstreicht. Durch gezielte Schnitttechniken lassen sich Zitrusgewächse als kompakte Sträucher formen, was sie ideal für die Kübelhaltung macht [s162]. Der Schnittaufwand ist dabei vergleichsweise

Gewächshaus [i20]

gering. Ein praktischer Hinweis: Beschränken Sie sich auf das Entfernen von Wasserschossen und sich kreuzenden Ästen, um die natürliche Wuchsform zu unterstützen. Die Temperaturtoleranz der Pflanzen ist sortenabhängig. Während einige Arten leichten Frost bis -1,7°C vertragen können, werden die Früchte bereits bei diesen Temperaturen geschädigt [s162]. Für die Kübelhaltung empfiehlt sich daher ein präventiver Schutz vor Kälte. Ein praktischer Tipp: Nutzen Sie an kühlen, aber frostfreien Tagen eine temporäre Abdeckung mit Vlies, um die Pflanzen vor Kältestress zu bewahren. Die Kübelhaltung ermöglicht es auch Hobbygärtnern in kühleren Regionen, die Faszination der Zitruskultur zu erleben. Mit der richtigen Pflege und Aufmerksamkeit können diese mediterranen Schönheiten zu langlebigen Begleitern werden, die nicht nur durch ihre Früchte, sondern auch durch ihr immergrünes Laub und ihre duftenden Blüten erfreuen.

Glossar

Blähton
Ein künstlich hergestelltes, leichtes Granulat aus gebranntem Ton, das sich durch hohe Porosität und gute Wasserspeicherfähigkeit auszeichnet

Perlite
Ein vulkanisches Glasgestein, das durch Erhitzung stark expandiert und als weißes, sehr leichtes Granulat zur Bodenverbesserung eingesetzt wird

Wasserschoss
Stark wachsende, meist senkrecht nach oben strebende Triebe, die viel Energie verbrauchen und die Pflanze schwächen können

Zusammenfassung - 3. 3. Zitrusgewächse

- Zitrusgewächse benötigen Temperaturen zwischen 18-24°C tagsüber und 13-18°C nachts für optimales Wachstum.
- Das "Skirt-Pruning" entfernt untere Äste bis zu einem Meter Höhe zur Reduzierung bodenbürtiger Krankheitserreger.
- Die Fruchtbildung erfolgt am neuen Holz, was den gezielten Schnitt besonders wichtig macht.
- Alternierende Ernten können durch angepassten Rückschnitt ausgeglichen werden.
- Zitronenbäume gehören zu den frostempfindlichsten Vertretern der Zitrusgewächse.
- Zwerg-Zitronensorten erreichen Höhen von 90-180 cm und eignen sich für Kübelkultur.
- Zitrusgewächse sind besonders anfällig für Mikronährstoffmängel, insbesondere Eisen, Mangan und Zink.
- Speziell veredelte Mandarinen und bestimmte Kumquats können in Zone 8b im Freien überwintern.
- Historisch wurden Zitrusbäume in bis zu zwei Meter tiefen Gräben vor Frost geschützt.
- Früchte werden bereits bei -1,7°C geschädigt, auch wenn manche Arten diese Temperatur überleben.

Rückblick - 3. Spezielle Obstarten

- Die Apfelbaumpflege erfordert ein Gleichgewicht zwischen vegetativem und fruchttragendem Holz, wobei die Baumhöhe auf 1,8-2,4 Meter begrenzt werden sollte.
- Die innovative "Regenschirm-Form" mit nach unten gebogenen Ästen ermöglicht eine besonders gute Erreichbarkeit der Früchte.
- Für Hochdichte-Obstanlagen wird eine pyramidenförmige Baumform mit maximal 2,5-3 Metern Höhe angestrebt.
- Birnbäume eignen sich hervorragend für Spalierobstkultur, wobei espalierte Exemplare über 150 Jahre alt werden können.
- Das Palmetto Verrier-System kombiniert die Vorteile des klassischen Spaliers mit verbesserter Luftzirkulation.
- Quitten bevorzugen leicht saure Böden und reagieren empfindlich auf alkalische Bedingungen.
- Etablierte Quittenanlagen können beeindruckende 25-35 Tonnen Früchte pro Hektar liefern.
- Kirschbäume werden idealerweise im Vase-System oder mit offener Krone erzogen.
- Pflaumenbäume neigen zu besonders aufrechtem Wuchs und benötigen eine angepasste Schnittstrategie.
- Pfirsiche bilden Früchte am zweijährigen Holz, was eine spezielle Verjüngungsstrategie erfordert.
- Orangenbäume benötigen das sogenannte "Skirt-Pruning" - die Entfernung der unteren Äste bis zu einem Meter Höhe.
- Zitronenbäume gehören zu den empfindlichsten Vertretern der Zitrusgewächse und reagieren besonders sensibel auf Frost.
- Historisch wurden Zitrusbäume in bis zu zwei Meter tiefen Gräben kultiviert, um sie vor Frost zu schützen.
- Die faszinierenden Besonderheiten der verschiedenen Obstarten werfen die Frage auf, wie diese wertvollen Kulturen langfristig gesund erhalten und vor Krankheiten geschützt werden können.

4. Baumpflege und Gesunderhaltung

Die Gesunderhaltung von Obstbäumen erfordert ein tiefes Verständnis ihrer Bedürfnisse und natürlichen Entwicklungszyklen. Wie können wir das empfindliche Gleichgewicht zwischen Wachstum, Fruchtbildung und Abwehrkräften optimal unterstützen? Welche präventiven Maßnahmen sind wirklich effektiv und welche Pflegeeingriffe möglicherweise sogar kontraproduktiv? Die Baumpflege umfasst ein breites Spektrum an Aufgaben - von der bedarfsgerechten Nährstoffversorgung über den vorbeugenden Pflanzenschutz bis hin zu den jahreszeitlich angepassten Pflegemaßnahmen. Dabei spielen nicht nur die unmittelbaren Eingriffe eine Rolle, sondern auch das Verständnis der komplexen Wechselwirkungen zwischen Baum, Boden und Umwelt. Besonders die zeitliche Abstimmung der verschiedenen Pflegemaßnahmen erfordert einen genauen Blick auf die Entwicklungsphasen der Bäume. Wann ist der optimale Zeitpunkt für Düngung, Schnitt oder Pflanzenschutz? Wie erkennt man frühzeitig Mangelerscheinungen oder beginnenden Krankheitsbefall? Die folgenden Kapitel bieten einen systematischen Einblick in die wichtigsten Aspekte der Obstbaumpflege - von grundlegenden Düngungskonzepten bis hin zu spezifischen Maßnahmen im Jahresverlauf. Das Ziel ist es, durch fachgerechte Pflege vitale und ertragreiche Bäume zu entwickeln, die auch künftigen Generationen noch Freude bereiten.

4. 1. Nährstoffversorgung

Die optimale Nährstoffversorgung von Obstbäumen wirft viele Fragen auf: Welche Nährstoffe benötigt der Baum zu welchem Zeitpunkt? Wie lässt sich die Versorgung nachhaltig und effizient gestalten? Welche Rolle spielen dabei Faktoren wie Bodenqualität, pH-Wert und Ausbringungsmethoden? Die Antworten darauf sind komplex, denn die Nährstoffversorgung ist ein fein abgestimmtes System aus verschiedenen Komponenten. Von klassischen Düngungskonzepten über Kompostierung und Mulchsysteme bis hin zur gezielten Blattdüngung stehen verschiedene Methoden zur Verfügung. Deren geschickte Kombination entscheidet maßgeblich über Gesundheit, Wachstum und Ertrag der Obstbäume. Ein fundiertes Verständnis der Nährstoffversorgung ist der Schlüssel zu vitalen und ertragreichen Obstbäumen - die folgenden Abschnitte zeigen Ihnen, worauf es dabei ankommt.

„Der optimale pH-Wert für die Nährstoffversorgung von Obstbäumen liegt zwischen 6,0 und 6,5."

4. 1. 1. Düngungskonzepte

Eine effektive Nährstoffversorgung von Obstbäumen basiert auf durchdachten Düngungskonzepten, die verschiedene Faktoren berücksichtigen müssen. Das moderne 4R-Konzept - die richtige Quelle, Menge, Zeit und Platzierung von Düngemitteln - bildet dabei die Grundlage für eine sowohl wirtschaftlich als auch ökologisch optimierte Düngung [s163]. Die Bodenqualität spielt eine zentrale Rolle: Ideal sind mittelgrobe, gut durchlässige und tiefgründige Böden. Der organische Stoffgehalt sollte bei sandigem Lehm etwa 2% und bei Lehm- und Schluffllehm-Böden 3-4% betragen [s164]. Sandige Böden benötigen aufgrund ihrer geringeren Nährstoffhaltekapazität häufigere Düngergaben, während tonige Böden zwar nährstoffreicher sind, aber eine besondere Bearbeitung erfordern [s165]. Für eine präzise Düngung ist die regelmäßige Durchführung von Boden- und Pflanzengewebeanalysen unerlässlich [s166]. Der optimale pH-Wert liegt zwischen 6,0 und 6,5, was die Verfügbarkeit der meisten Nährstoffe gewährleistet [s167]. Bei pH-Werten unter 6,0 ist eine Kalkung erforderlich [s164]. Die Nährstoffversorgung sollte zeitlich optimal abgestimmt sein: 65-75% der Jahresration sollten zwischen spätem Winter und spätem Frühling ausgebracht werden [s167]. Besonders kritisch ist dabei die Phase von März bis Mai [s166]. Ein praktischer Tipp: Teilen Sie die Stickstoffgabe auf - die erste Hälfte vor der Blüte, die zweite danach [s164].

Verschiedene Ausbringungsmethoden stehen zur Verfügung:
- Broadcasting (Flächige Ausbringung)
- Banding (Streifenförmige Ausbringung)
- fertigation (Düngung über Bewässerungssysteme)
- Blattdüngung
- Mikroinjektion [s163]

Die Fertigation ermöglicht dabei eine besonders präzise Steuerung der Nährstoffzufuhr [s163]. Für Mikronährstoffe hat sich die Blattdüngung als besonders effektiv und wirtschaftlich erwiesen, vor allem in Gebieten mit unterschiedlichen Bodentypen [s167]. Ein innovativer Ansatz ist die Integration von Deckfrüchten zwischen den Baumreihen. Diese können die Nährstoffgehalte in der oberen Bodenschicht um über 19,6% erhöhen und die Enzymaktivitäten um mehr als 25,2% steigern [s168]. Dabei sollte die

Pflege in zwei Bereiche unterteilt werden: die Baumreihenmitte mit permanentem Grasbewuchs und die vegetationsfreie Zone unter den Bäumen [s164].

Besondere Aufmerksamkeit verdienen die Hauptnährstoffe:
- Stickstoff (N): Fördert vegetatives Wachstum, Blüte und Fruchtertrag
- Phosphor (P): Unterstützt Wurzelwachstum und Fruchtentwicklung
- Kalium (K): Entscheidend für Ertrag, Fruchtgröße und -qualität [s167] [s169]

Ein häufiger Fehler ist die Überdüngung, die zu übermäßigem vegetativem Wachstum und reduziertem Fruchtertrag führen kann [s167]. Daher gilt: Düngen Sie nicht routinemäßig, sondern gezielt nach Bedarf [s170]. Die Verwendung von Kompost, Biostimulanzien und mikrobiellen Inokulanten kann die Bodenfruchtbarkeit zusätzlich verbessern [s166]. Ein praktischer Ratschlag: Verwenden Sie für Gehölze vorzugsweise langsam freisetzende Stickstoffdünger [s170]. Die Nährstoffaufnahme variiert je nach Entwicklungsstadium des Baumes [s171], weshalb die Düngung an Alter und Größe der Bäume angepasst werden muss [s167]. Besonders bei der Neuanlage einer Obstplantage ist Vorsicht geboten: Dünger sollte nicht direkt zur Pflanzung und nicht in unmittelbarer Wurzelnähe ausgebracht werden [s164].

Düngungskonzepte [i21]

4. 1. 2. Kompostierung

Die Kompostierung ist ein faszinierender biologischer Prozess, der organische Materialien in wertvollen Humus umwandelt und dabei eine Schlüsselrolle im natürlichen Nährstoffkreislauf spielt [s172]. Bei Obstbäumen ist dieser Prozess besonders wichtig, da 50-80% der aufgenommenen Nährstoffe in den Blättern landen und durch deren Zersetzung wieder dem Boden zugeführt werden können [s173]. Der Kompostierungsprozess basiert auf der Aktivität aerober Bakterien, die organisches Material unter Sauerstoffeinfluss zersetzen [s174]. Für einen optimalen Verlauf ist das Verhältnis von kohlenstoff- zu stickstoffhaltigen Materialien entscheidend. Das ideale C:N-Verhältnis liegt bei 30:1 [s175]. In der Praxis bedeutet dies eine geschickte Schichtung von "braunem" (kohlenstoffreich, z.B. Holzhäcksel, trockene Blätter) und "grünem" Material (stickstoffreich, z.B. frischer Grasschnitt, Küchenabfälle) [s175].

Für die Anlage eines erfolgreichen Komposthaufens empfiehlt sich folgende Vorgehensweise:
- Als Basis eine 20 cm dicke Schicht grobes Material wie Zweige für die Belüftung
- Darüber abwechselnd braunes und grünes Material schichten
- Jede Schicht leicht befeuchten, aber nicht durchnässen
- Den Haufen an einem halbschattigen, windgeschützten Platz anlegen

Obwohl das Wenden des Komposthaufens nicht zwingend erforderlich ist, beschleunigt es den Zersetzungsprozess deutlich [s175]. Ein praktischer Tipp: Wenden Sie den Haufen alle 4-6 Wochen und überprüfen Sie dabei die Feuchtigkeit - das Material sollte sich wie ein ausgedrückter Schwamm anfühlen. Eine besonders effiziente Methode für Obstgärten ist die In-situ-Kompostierung [s175]. Dabei werden organische Materialien direkt im Baumstreifen eingearbeitet. Dies spart nicht nur Arbeitszeit, sondern fördert auch die lokale Bodenbiologie. Wichtig ist dabei, nur krankheitsfreies Material zu verwenden und einen Mindestabstand von 30 cm zum Stammbereich einzuhalten.

Die Kompostierung bietet mehrere ökologische Vorteile:
- Reduzierung von Treibhausgasemissionen um 30-50% im Vergleich zur Deponierung [s174]
- Schließung lokaler Nährstoffkreisläufe [s172]
- Förderung der Biodiversität im Boden [s176]
- Verbesserung der Bodenstruktur und Wasserspeicherkapazität

Auch tierische Produkte können kompostiert werden, erfordern aber geschlossene Systeme zum Schutz vor Schädlingen [s175]. Für Obstbaubetriebe empfiehlt sich jedoch der Fokus auf pflanzliche Materialien, da diese einfacher zu handhaben sind und weniger Risiken bergen. Die fertige Komposterde erkennt man an ihrer krümeligen Struktur und dem erdigen Geruch. Sie sollte vor der Verwendung gesiebt werden, wobei gröbere Bestandteile wieder dem neuen Kompost zugeführt werden können. Die Ausbringung erfolgt idealerweise im Frühjahr oder Herbst, wobei pro Baum je nach Alter und Größe 20-40 Liter Kompost oberflächlich eingearbeitet werden. Die organische Substanz im Kompost besteht aus verschiedenen Überresten von Pflanzen und Tieren und bietet zahlreichen Bodenorganismen einen Lebensraum [s176]. Diese Mikroorganismen sind essentiell für die Freisetzung und Verfügbarkeit von Nährstoffen für die Obstbäume. Ein innovativer Ansatz ist die Kombination von Kompostierung mit anderen organischen Düngungsstrategien. So kann beispielsweise Mulchmaterial direkt vor Ort kompostiert werden, während gleichzeitig eine Gründüngung in den Fahrgassen angebaut wird. Dies maximiert die Effizienz der Nährstoffkreisläufe und minimiert den externen Düngerbedarf.

Glossar

aerob

Bezeichnet Lebewesen oder Prozesse, die Sauerstoff zum Leben bzw. Ablauf benötigen. Im Gegensatz dazu stehen anaerobe Organismen, die ohne Sauerstoff auskommen.

Biodiversität

Bezeichnet die biologische Vielfalt aller Lebewesen, ihrer Lebensräume und genetischen Variationen in einem bestimmten Gebiet.

In-situ

Lateinischer Begriff für 'am Ort' oder 'an Ort und Stelle'. Beschreibt Vorgänge, die direkt am Einsatzort stattfinden, ohne Material zu verlagern.

4. 1. 3. Mulchsysteme

Mulchsysteme spielen eine zentrale Rolle bei der nachhaltigen Bewirtschaftung von Obstanlagen und bieten vielfältige Vorteile für Boden und Pflanzen [s177]. Die richtige Anwendung von Mulch kann den Bewässerungsbedarf deutlich reduzieren und in manchen Fällen sogar komplett eliminieren [s177]. Für eine optimale Wirkung sollte die Mulchschicht zwischen 7-10 cm stark sein - dünnere Schichten von etwa 2,5 cm können hingegen kontraproduktiv sein und das Unkrautwachstum sogar fördern [s178]. Bei der Materialwahl stehen verschiedene organische und anorganische Optionen zur Verfügung. Zu den bewährten organischen Materialien gehören Stroh, Heu und Ernterückstände [s179]. Organische Mulche haben dabei deutliche Vorteile gegenüber anorganischen Varianten, da sie nicht nur die Wasserhaltekapazität des Bodens verbessern, sondern auch kontinuierlich Nährstoffe freisetzen [s177]. Ein praktischer Tipp: Verwenden Sie möglichst krankheitsfreies Material und achten Sie auf eine gleichmäßige Verteilung, um "Mulchnester" zu vermeiden. Das innovative "Sandwich-System" hat sich als besonders effektiv erwiesen: Dabei wird ein schmaler Streifen unter den Bäumen mit organischem Mulch bedeckt, während die Fahrgassen begrünt bleiben [s180]. Dieses System ermöglicht eine optimale Unkrautkontrolle bei gleichzeitig verbesserter Bodenatmung und guter Fruchtqualität. Für die Nährstoffversorgung ist die Integration von Leguminosen in das Mulchsystem besonders wertvoll. Diese können in den Fahrgassen angebaut werden und ermöglichen den Obstbäumen eine bessere Stickstoffnutzung im Vergleich zu reinen Grasbeständen [s181]. Ein praktischer Ansatz ist die Kombination verschiedener Mulchmaterialien: Groberes Material wie Holzhäcksel an der Basis für bessere Durchlüftung, darüber feineres Material wie Grasschnitt für die Nährstoffversorgung. Die Temperaturregulierung durch Mulch ist ein weiterer wichtiger Aspekt: Die Mulchschicht schützt die Wurzeln vor extremen Temperaturschwankungen und optimiert so die Bedingungen für das Wurzelwachstum [s182]. Besonders in ökologischen Obstanlagen ist dies von Bedeutung, da hier synthetische Düngemittel nicht zur Verfügung stehen. Studien haben gezeigt, dass die Anwendung von organischen Mulchmaterialien in etablierten Plantagen den Nährstoff- und Wasserstatus der Bäume während der Wachstumsperiode deutlich verbessern kann [s183]. Dies führt zu einer reduzierten Abhängigkeit von synthetischen Düngemitteln. Ein praktischer

Hinweis: Kontrollieren Sie regelmäßig die Mulchschicht auf Schädlinge und erneuern Sie das Material bei Bedarf. Allerdings sollte beachtet werden, dass Mulchsysteme allein nicht immer ausreichend für die Stickstoffversorgung sind. Eine Ergänzung durch organische Düngemittel oder die gezielte Integration von Leguminosen kann notwendig sein [s182]. Ein bewährtes Vorgehen ist die Kombination von Mulch mit anderen organischen Düngungsstrategien, wie beispielsweise der Verwendung von Kompost oder Gründüngung. Die Erosionskontrolle ist ein weiterer positiver Effekt von Mulchsystemen [s177]. Besonders an Hanglagen schützt eine gut angelegte Mulchschicht den wertvollen Oberboden vor Auswaschung. Dabei sollte das Material so ausgebracht werden, dass es auch bei starken Niederschlägen nicht weggespült wird.

Glossar

Leguminose

Hülsenfrüchtler sind Pflanzen, die in Zusammenarbeit mit Bakterien Luftstickstoff binden können. Zu ihnen gehören zum Beispiel Klee, Lupinen und Erbsen.

4. 1. 4. Blattdüngung

Die Blattdüngung stellt eine effiziente Methode dar, um Nährstoffmängel bei Obstbäumen schnell zu beheben und die Nährstoffversorgung zu optimieren [s184]. Diese Methode ist besonders wertvoll bei der Behandlung von Mikronährstoffmängeln, da die Nährstoffe direkt über die Blätter aufgenommen werden können.

Blattdüngung [i22]

Für eine erfolgreiche Blattdüngung ist der richtige Zeitpunkt entscheidend. Junge Blätter nehmen die Nährstoffe deutlich besser auf als reife Blätter, die durch ihre dicke, wachsartige Cuticula weniger durchlässig sind [s185]. Die optimale Anwendung erfolgt daher, wenn die Frühlingsblätter etwa zur Hälfte bis zwei Drittel ihrer vollen Größe entwickelt sind. Bei der Stickstoffversorgung über das Blatt hat sich Harnstoff als wichtigste Quelle etabliert [s184]. Ein praktischer Tipp für Obstbauern: Eine 2-prozentige Harnstofflösung, vor erwarteten Frostperioden ausgebracht, kann zusätzlich als Frostschutz dienen [s185]. Die Anwendung sollte in den frühen Morgenstunden oder am späten Nachmittag erfolgen, wenn die Verdunstung gering ist.

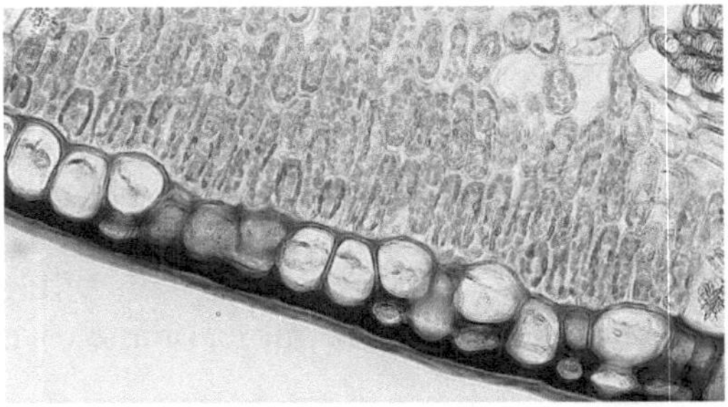

Cuticula [i23]

Besondere Aufmerksamkeit verdienen Eisen- und Zinkmangel, die sich häufig in Obstanlagen zeigen. Eisenmangel äußert sich durch charakteristische Chlorosen - gelbe oder hellgrüne Blätter mit tiefgrünen Adern [s186]. Zur Behandlung haben sich chelatierte Formen bewährt, wobei zwei Sprühbehandlungen für optimale Ergebnisse empfohlen werden [s187].

Chlorosen [i24]

Die Zinkversorgung spielt eine zentrale Rolle für das Blattwachstum [s188]. Hier bieten sich zwei Anwendungszeitpunkte an:
- Im Herbst nach der Ernte
- Im Frühjahr vor dem Knospenaufbruch,

wobei höhere Aufwandmengen zu diesem Zeitpunkt besonders effektiv sind [s187]

Ein wichtiger praktischer Hinweis: Kalzium-Nitrat kann zwar als Blattdünger eingesetzt werden, sollte aber bei bestimmten empfindlichen Sorten vermieden werden, da es zu Fruchtstörungen führen kann [s184]. Als Alternative für die Magnesiumversorgung eignen sich Epsom-Salze, die jedoch nicht die Bodendüngung ersetzen können [s184]. Für die Planung der Blattdüngung sind regelmäßige Blattanalysen unerlässlich. Diese sind besonders wertvoll für die langfristige Bewertung des Düngungsprogramms, weniger für kurzfristige Korrekturen im laufenden Jahr [s185]. Ein praktischer Ansatz ist die Kombination von Boden- und Blattanalysen, um ein vollständiges Bild der

Nährstoffsituation zu erhalten. Die Phosphorversorgung über das Blatt kann bei nachgewiesenem Mangel durch Blattanalysen mit wasserlöslichen Phosphorformen erfolgen [s188]. Dabei sollte die Anwendung in mehreren kleinen Gaben erfolgen, um Blattverbrennungen zu vermeiden. Beachtenswert ist, dass etwa 80% des jährlichen Stickstoffbedarfs aus den Baumreserven stammen [s187]. Die Blattdüngung dient hier vor allem der Ergänzung und schnellen Korrektur von Mangelzuständen. Ein praktischer Tipp: Führen Sie vor jeder Blattdüngung einen kleinen Verträglichkeitstest an einigen Blättern durch, um mögliche negative Reaktionen frühzeitig zu erkennen.

Die Wirksamkeit der Blattdüngung hängt stark von den Umgebungsbedingungen ab. Optimale Bedingungen sind:
- Temperaturen zwischen 15-25°C
- Hohe Luftfeuchtigkeit
- Windstille
- Bedeckter Himmel oder Dämmerung

Glossar

Chelat
Eine spezielle chemische Verbindung, die Metallionen einschließt und sie für Pflanzen besser verfügbar macht

Chlorose
Eine Pflanzenkrankheit, bei der die Blätter ihre grüne Farbe durch fehlende Chlorophyllbildung verlieren, oft durch Nährstoffmangel verursacht

Cuticula
Eine wachsartige Schutzschicht auf der Oberfläche von Pflanzenblättern, die das Gewebe vor Austrocknung und Schädlingen schützt

Epsom-Salz
Ein Magnesiumsulfat-Mineral, das als natürlicher Dünger verwendet wird und die Aufnahme von Nährstoffen verbessert

Zusammenfassung - 4. 1. Nährstoffversorgung

- Das 4R-Konzept bildet die Grundlage für eine optimierte Düngung mit richtiger Quelle, Menge, Zeit und Platzierung.
- Der organische Stoffgehalt sollte bei sandigem Lehm 2% und bei Lehm/Schlufflehm 3-4% betragen.
- 65-75% der Jahresration sollten zwischen spätem Winter und spätem Frühling ausgebracht werden.
- Deckfrüchte zwischen Baumreihen können Nährstoffgehalte in der oberen Bodenschicht um 19,6% und Enzymaktivitäten um 25,2% steigern.
- 50-80% der aufgenommenen Nährstoffe landen in den Blättern und können durch Zersetzung recycelt werden.
- Das optimale C:N-Verhältnis bei der Kompostierung liegt bei 30:1.
- In-situ-Kompostierung direkt im Baumstreifen reduziert Treibhausgasemissionen um 30-50% verglichen mit Deponierung.
- Die optimale Mulchschicht sollte 7-10 cm stark sein, dünnere Schichten von 2,5 cm können kontraproduktiv sein.
- Das "Sandwich-System" kombiniert organischen Mulch unter Bäumen mit begrünten Fahrgassen.
- Junge Blätter nehmen Nährstoffe deutlich besser auf als reife Blätter mit dicker Cuticula.
- Eine 2-prozentige Harnstofflösung vor Frostperioden dient als Frostschutz.
- Etwa 80% des jährlichen Stickstoffbedarfs stammen aus den Baumreserven.

4. 2. Pflanzenschutz

Wie lässt sich ein gesunder Obstgarten langfristig erhalten? Welche Rolle spielen dabei vorbeugende Maßnahmen und biologische Methoden? Die Gesunderhaltung von Obstbäumen erfordert ein durchdachtes Zusammenspiel verschiedener Pflanzenschutzstrategien - von der Sortenwahl über die Kulturführung bis hin zur gezielten Förderung natürlicher Gegenspieler von Schädlingen. Während chemische Pflanzenschutzmittel oft nur kurzfristig wirken und unerwünschte Nebenwirkungen haben können, bieten präventive und biologische Ansätze nachhaltige Lösungen für viele Herausforderungen im Obstbau. Ein tieferes Verständnis der komplexen Wechselwirkungen zwischen Pflanze, Schaderregern und Nützlingen bildet die Grundlage für einen erfolgreichen Pflanzenschutz, der sowohl den Ertrag als auch die Umwelt im Blick behält.

> *„Eine der wichtigsten Grundlagen für gesunde Obstbäume ist die sorgfältige Auswahl resistenter Sorten und geeigneter Wurzelunterlagen.“*

4. 2. 1. Vorbeugender Pflanzenschutz

Vorbeugender Pflanzenschutz bildet das Fundament für gesunde und ertragreiche Obstbäume. Durch gezielte präventive Maßnahmen lassen sich viele Krankheiten und Schädlinge von vornherein vermeiden oder zumindest deutlich eindämmen [s189]. Eine der wichtigsten Grundlagen ist die sorgfältige Auswahl resistenter Sorten und geeigneter Wurzelunterlagen [s190]. Dabei sollte man sich vor der Pflanzung ausführlich über die regionalen Gegebenheiten und bekannte Krankheitsprobleme informieren. Besonders bei Apfelbäumen gibt es mittlerweile viele schorfresistente Sorten, die sich hervorragend für den naturnahen Obstanbau eignen [s191]. Die Standortvorbereitung spielt eine zentrale Rolle: Äpfel benötigen einen tiefgründigen Boden mit guter Drainage [s189]. Bei der Pflanzung sollte auf ausreichende Abstände geachtet werden, da zu enge Pflanzabstände die Luftzirkulation behindern und durch die erhöhte Luftfeuchtigkeit Pilzkrankheiten begünstigen können [s192]. Ein praktischer Tipp: Zwischen den Baumreihen sollte ein Traktor problemlos durchfahren können. Die laufende Baumpflege umfasst mehrere wichtige Aspekte. Ein fachgerechter Schnitt sorgt für eine offene Krone mit guter Durchlüftung [s193]. Dabei gilt die Faustregel: Lieber regelmäßig kleine Eingriffe vornehmen als selten radikale Schnitte. Wichtig ist auch das richtige Timing - Schnittarbeiten sollten vorzugsweise bei trockenem Wetter und in Monaten mit niedriger Luftfeuchtigkeit durchgeführt werden [s194]. Besondere Aufmerksamkeit verdient die Hygiene im Obstgarten. Kranke oder befallene Pflanzenteile müssen konsequent entfernt und fachgerecht entsorgt werden [s195]. Die Werkzeuge sollten nach jedem Schnitt desinfiziert werden, um eine Übertragung von Krankheitserregern zu vermeiden [s196]. Ein bewährtes Mittel ist dabei eine 70%ige Alkohollösung oder spezielle Desinfektionsmittel. Die Bewässerung sollte möglichst bodennah erfolgen. Von Überkopfberieselung ist abzuraten, da nasse Blätter ideale Bedingungen für Pilzinfektionen bieten [s196]. Ein Mulchsystem aus organischem Material kann dabei helfen, die Bodenfeuchtigkeit zu regulieren und gleichzeitig das Bodenleben zu fördern. Die Nährstoffversorgung muss ausgewogen sein. Übermäßige Stickstoffdüngung macht die Bäume anfälliger für Krankheiten [s192]. Eine gute Alternative sind Komposttees oder organische Dünger, die das Bodenleben fördern und die natürliche Widerstandskraft der Bäume stärken [s193]. Regelmäßige Kontrollen der Bäume sind unerlässlich. Dabei sollte man besonders auf erste Krankheitssymptome achten [s189]. Ein praktischer Ansatz ist es, sich einen Kontrollkalender anzulegen und die Bäume mindestens alle zwei Wochen systematisch zu begutachten. Bei der Bekämpfung von Krankheiten wie Apfelschorf ist ein integrierter Ansatz wichtig. Neben der Sortenwahl und Kulturmaßnahmen können auch biologische Präparate wie Neemöl oder Biofungizide zum Einsatz kommen [s193]. Chemische Pflanzenschutzmittel sollten nur als letzte Option und nach sorgfältiger Abwägung eingesetzt werden. Besondere Aufmerksamkeit verdienen Schnittwunden, da sie Eintrittspforten für Krankheitserreger wie Cytospora-Krebs sein können. Diese sollten innerhalb von 24 Stunden mit geeigneten Wundverschlussmitteln behandelt werden [s194]. Eine bewährte Methode ist die Verwendung von Baumwachs oder speziellen Wundverschlussmitteln. Die konsequente Umsetzung dieser vorbeugenden Maßnahmen erfordert zwar Zeit und Aufmerksamkeit, zahlt sich aber durch gesunde, vitale Bäume und gute Erträge aus. Dabei gilt: Vorbeugen ist leichter als heilen [s189].

Glossar

Biofungizid
Natürliche Wirkstoffe zur Bekämpfung von Pilzkrankheiten, die aus Mikroorganismen oder Pflanzenextrakten gewonnen werden

Cytospora-Krebs
Eine durch Pilze verursachte Baumkrankheit, die besonders bei Steinobst auftritt und sich durch eingesunkene, dunkle Rindenbereiche und absterbende Äste zeigt

Neemöl
Ein natürliches Pflanzenschutzmittel aus den Samen des Neembaums, das gegen verschiedene Schädlinge wirkt und keine Rückstände im Erntegut hinterlässt

4. 2. 2. Biologische Schädlingsbekämpfung

Die biologische Schädlingsbekämpfung nutzt die natürlichen Mechanismen des Ökosystems, um Schädlinge zu kontrollieren und dabei die Umwelt zu schonen [s197]. Dieser Ansatz basiert auf dem Prinzip, dass jeder Schädling seine natürlichen Gegenspieler hat, die gezielt gefördert oder eingesetzt werden können.

Ein Schlüsselelement ist die Förderung nützlicher Insekten. Marienkäfer, Florfliegen und Schwebfliegen sind wichtige Helfer bei der Bekämpfung von Blattläusen [s198]. Um diese Nützlinge anzulocken, empfiehlt sich die Anlage von Blühstreifen mit heimischen Wildpflanzen. Besonders geeignet sind Doldenblütler wie Wilde Möhre oder Fenchel, die ideale Nahrungsquellen für adulte Schwebfliegen darstellen [s199]. Die augmentative biologische Kontrolle ergänzt die natürlich vorkommenden Nützlinge durch gezielte Freisetzungen [s199]. Dabei werden zum Beispiel räuberische Milben gegen Spinnmilben eingesetzt. Ein bewährtes Vorgehen ist die präventive Ausbringung zu Vegetationsbeginn, noch bevor sich Schädlingspopulationen aufbauen können.

Marienkäfer [i25]

Mechanische Barrieren spielen ebenfalls eine wichtige Rolle. Kupferbänder um Baumstämme halten kriechende Insekten wie Ameisen fern [s197]. Feinmaschige Netze schützen vor fliegenden Schädlingen wie der Kirschessigfliege. Die Netze sollten vor der Fruchtreife angebracht werden und eng am Boden abschließen. Pheromonfallen dienen sowohl der Überwachung als auch der direkten Bekämpfung von Schädlingen [s200]. Sie locken männliche Falter bestimmter Arten an und stören so deren Fortpflanzungszyklus. Bei größeren Anlagen empfiehlt sich ein systematisches Monitoring mit regelmäßiger Kontrolle der Fallenfänge. Ein oft unterschätzter Aspekt ist das Management von Begleitvegetation. Unkräuter können einerseits Schädlinge beherbergen,

Ameisen [i26]

andererseits aber auch wichtige Rückzugsorte für Nützlinge sein [s197]. Eine selektive Regulierung ist daher sinnvoll - beispielsweise durch gezieltes Mulchen außerhalb der Hauptaktivitätszeit der Nützlinge. Besondere Aufmerksamkeit erfordert die Kontrolle von Ameisen, die in symbiotischer Beziehung mit bestimmten Schädlingen leben können [s201]. Hier haben sich flüssige Köderstationen bewährt, die selektiv wirken und das übrige Ökosystem schonen. Die Stationen sollten an den Hauptlaufwegen der Ameisen platziert werden. Die Integration verschiedener biologischer Kontrollmethoden erhöht die Wirksamkeit deutlich [s202]. Dabei sollten kulturelle Maßnahmen wie angepasste Pflanzzeiten mit der gezielten Förderung von Nützlingen kombiniert werden. Ein Monitoring-System hilft, den Erfolg der Maßnahmen zu überprüfen und bei Bedarf nachzusteuern.

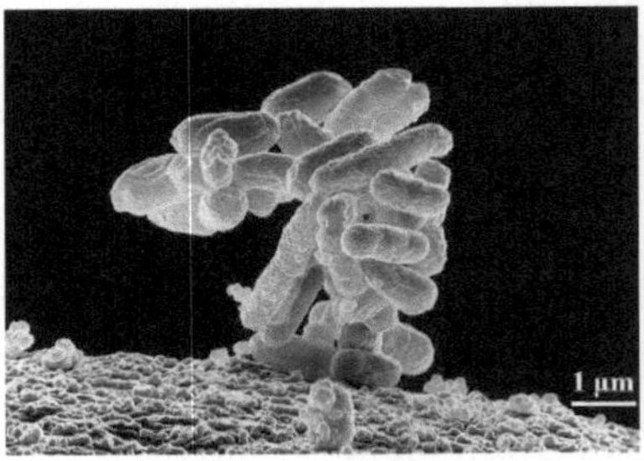

Mikroorganismen [i27]

Biologische Pflanzenschutzmittel auf Basis von Mikroorganismen ergänzen das Spektrum [s203]. Sie wirken meist sehr spezifisch und schonen die Nützlingsfauna. Bei der Anwendung ist auf optimale Umweltbedingungen zu achten - viele Präparate benötigen beispielsweise eine ausreichende Luftfeuchtigkeit für ihre Wirkung. Die konsequente Anwendung biologischer Schädlingsbekämpfung erfordert zwar mehr Planung und Beobachtung als der chemische Pflanzenschutz, führt aber zu einem stabilen und nachhaltigen System [s197]. Der Schlüssel zum Erfolg liegt in der vorausschauenden Planung und dem Verständnis der ökologischen Zusammenhänge.

Glossar

augmentative biologische Kontrolle

Eine Methode der biologischen Schädlingsbekämpfung, bei der zusätzlich zu den natürlich vorkommenden Nützlingen weitere nützliche Organismen künstlich ausgebracht werden, um die Wirksamkeit zu verstärken

Pheromonfalle

Eine Fangvorrichtung, die mit künstlich hergestellten Duftstoffen bestückt wird, um gezielt bestimmte Insektenarten anzulocken. Die Fallen können mit Klebeflächen oder Wasserbehältern ausgestattet sein

4. 2. 3. Krankheitserkennung

Die frühzeitige und korrekte Krankheitserkennung ist entscheidend für einen erfolgreichen Pflanzenschutz im Obstbau [s204]. Eine systematische Untersuchung der Bäume ermöglicht es, Probleme zu erkennen, bevor sie sich ausbreiten und größeren Schaden anrichten können. Bei der Inspektion sollte der gesamte Baum von den Wurzeln bis zur Krone untersucht werden [s205]. Besonders aufschlussreich sind dabei Pflanzenteile, die verschiedene Entwicklungsstadien der Symptome zeigen. Ein praktischer Ansatz ist es, den Baum in drei Zonen einzuteilen: Wurzelbereich, Stamm und Kronenbereich. Beginnen Sie die Untersuchung am besten von unten nach oben.

Typische Krankheitssymptome zeigen sich oft zuerst an den Blättern. Septoria-Blattflecken beispielsweise manifestieren sich als kleine, runde graue Flecken mit dunklen Rändern, besonders an den unteren Blättern [s206]. Diese Symptome treten häufig auf, wenn die ersten Früchte sich zu entwickeln beginnen. Bei feuchtem Wetter verstärkt sich die Ausbreitung deutlich. Alternaria-Blattflecken hingegen zeigen sich durch unregelmäßige braune Läsionen mit gelben Höfen [s206].

Septoria [i28]

Bakterielle Erkrankungen erkennt man an kleinen, dunklen Flecken auf den Blättern, die sich später zu größeren braunen Bereichen ausweiten können [s206]. Ein klassisches Beispiel ist die Zitrusgrünkrankheit (HLB), die sich durch gelbe Blattadern und asymmetrische Chlorose auszeichnet [s207]. Bei dieser Krankheit ist auch das Wurzelsystem stark geschädigt, was sich durch erheblichen Wurzelverlust bereits in frühen Krankheitsstadien zeigt. Für eine zuverlässige Diagnose ist es wichtig, mehrere Proben von verschiedenen Pflanzenteilen zu sammeln [s205]. Diese sollten unterschiedliche Entwicklungsstadien der Symptome aufweisen. Die

Zitrusgrünkrankheit [i29]

Proben müssen sachgerecht behandelt werden: Kühle Lagerung und Schutz vor direkter Sonneneinstrahlung sind essentiell. Ein praktischer Tipp: Verwenden Sie eine Kühlbox für den Transport und wickeln Sie die Proben in leicht feuchtes Zeitungspapier.
Die X-Krankheit zeigt sich durch verschiedene Symptome wie reduzierte Fruchtentwicklung, Chlorose der Blätter und vorzeitigen Blattfall [s208]. Die Früchte bleiben klein, sind unterentwickelt und geschmacklos. Die Übertragung erfolgt häufig durch Schädlinge, aber auch durch Wurzelveredelung und menschliche Aktivitäten. Ein systematisches Monitoring ist unerlässlich [s209]. Erstellen Sie einen Dokumentationsbogen, in dem Sie Datum, betroffene Bereiche, Symptome und Entwicklungsverlauf festhalten. Fotografieren Sie die Symptome - dies hilft nicht nur bei der Dokumentation, sondern auch beim Vergleich mit Referenzbildern und bei der Konsultation von Experten.

Beachten Sie bei der Probennahme folgende praktische Regeln:
- Sammeln Sie Proben möglichst am frühen Morgen
- Wählen Sie Pflanzenteile mit typischen Symptomen
- Dokumentieren Sie den Standort und die Umgebungsbedingungen
- Verpacken Sie verschiedene Proben getrennt und beschriften Sie sie sorgfältig
- Transportieren Sie die Proben schnellstmöglich zum Labor oder Experten

Die Krankheitserkennung erfordert Erfahrung und systematisches Vorgehen. Nutzen Sie verfügbare Hilfsmittel wie Bestimmungsleitfäden und digitale Diagnosetools. Im Zweifelsfall ist es ratsam, einen Experten zu konsultieren, da eine falsche Diagnose zu ineffektiven oder gar schädlichen Gegenmaßnahmen führen kann.

X-Krankheit [i30]

Glossar

Alternaria

Eine weitverbreitete Pilzgattung mit über 300 Arten, die sich besonders bei warmen Temperaturen über 25°C und hoher Luftfeuchtigkeit vermehrt.

Chlorose

Eine Mangelerscheinung bei Pflanzen, bei der die Blätter ihre grüne Farbe verlieren. Kann durch Nährstoffmangel oder gestörte Nährstoffaufnahme entstehen.

Läsion

Eine umschriebene Schädigung oder Verletzung des Pflanzengewebes, die durch verschiedene äußere oder innere Einflüsse entstehen kann.

Septoria

Eine Pilzgattung, die weltweit verbreitet ist und über 1000 verschiedene Arten umfasst. Die Pilze sind besonders aktiv bei Temperaturen zwischen 15-25°C.

4. 2. 4. Nützlingsförderung

Die gezielte Förderung von Nützlingen ist ein Schlüsselelement des nachhaltigen Pflanzenschutzes im Obstbau. Durch die Schaffung optimaler Lebensbedingungen für natürliche Gegenspieler von Schädlingen lässt sich der Einsatz von Pflanzenschutzmitteln deutlich reduzieren [s210]. Eine zentrale Rolle spielt dabei die funktionale biodiversitaet. Viele nützliche Insekten benötigen blühende Pflanzen nicht nur als Nahrungsquelle, sondern auch zur Vervollständigung ihres Lebenszyklus [s211]. Besonders effektiv sind dabei Pflanzen mit extrafloralen Nektarien - also zusätzlichen Nektardrüsen außerhalb der Blüten [s212]. In der Praxis hat sich die Anlage von Blühstreifen mit heimischen Wildpflanzen bewährt. Diese sollten strategisch zwischen den Baumreihen oder am Rand der Anlage platziert werden.
Ein durchdachtes Deckfrucht-Management kann die Nützlingsförderung erheblich unterstützen. Deckfrüchte reduzieren nicht nur den Befall durch Schädlinge und Krankheiten, sondern verbessern auch die Bodenqualität [s213]. Bei der Auswahl der Deckfrüchte sollte man auf Arten setzen, die besonders attraktiv für Nützlinge sind. Ein praktischer Tipp: Säen Sie verschiedene Arten zu unterschiedlichen Zeitpunkten aus, um eine kontinuierliche Blüte über die gesamte Saison zu gewährleisten.

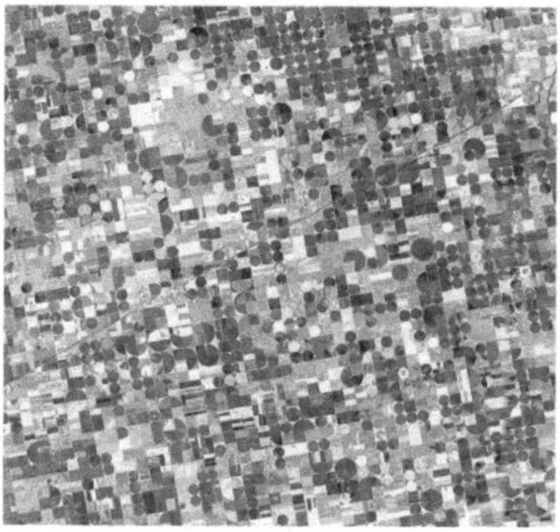

Deckfrüchte [i31]

Auch die Förderung von größeren Nützlingen wie Vögeln und Fledermäusen sollte nicht vernachlässigt werden [s214]. Diese sind wichtige Insektenfresser und können erheblich zur natürlichen Schädlingskontrolle beitragen. Konkrete Maßnahmen umfassen:
- Installation von Nistkästen in verschiedenen Größen
- Erhalt von Altholz als Unterschlupf
- Anlage von Wasserstellen
- Pflanzung von heimischen Gehölzen mit Beerenfrüchten

Die Bewirtschaftung der Vegetation spielt eine zentrale Rolle. Ein angepasstes Mähregime ist dabei entscheidend [s211]. Statt alle Flächen gleichzeitig zu mähen, empfiehlt sich ein gestaffeltes Vorgehen:
- Teilflächen zeitversetzt mähen
- Refugien für Nützlinge belassen
- Schnitthöhe nicht zu tief wählen (mindestens 10 cm)
- Mahd außerhalb der Hauptaktivitätszeiten der Nützlinge durchführen

Ein erfolgreiches Nützlingsmanagement erfordert regelmäßiges Monitoring [s212]. Wöchentliche Kontrollen helfen dabei, die Population der Nützlinge und Schädlinge im Auge zu behalten. Dokumentieren Sie Ihre Beobachtungen systematisch, um langfristige Entwicklungen erkennen zu können. Besondere Bedeutung kommt der Integration verschiedener Maßnahmen zu. Die Kombination aus Blühstreifen, Deckfrüchten und strukturreichen Habitaten schafft ein Netzwerk an Lebensräumen [s215]. Dies ermöglicht den Nützlingen, sich in der Anlage zu etablieren und bei Bedarf schnell in befallene Bereiche einzuwandern. Bei notwendigen Pflanzenschutzmaßnahmen sollten nützlingsschonende Mittel bevorzugt werden [s216]. Mikrobiologische Präparate, die spezifisch gegen bestimmte Schädlinge wirken, sind dabei eine gute Option. Breitbandinsektizide sollten hingegen vermieden werden, da sie auch die Nützlingspopulation schädigen [s210]. Die konsequente Umsetzung der Nützlingsförderung erfordert zwar anfänglich mehr Planung und Aufwand, führt aber langfristig zu einem stabileren und nachhaltigeren System [s217]. Der reduzierte Pestizideinsatz schont nicht nur die Umwelt, sondern senkt auch die Betriebskosten [s213].

Glossar

extraflorale Nektarien

Spezielle Drüsengewebe an Pflanzen außerhalb der Blüten, die Nektar produzieren. Sie locken gezielt bestimmte Insektenarten an und sind evolutionär als Schutzanpassung entstanden.

Refugium

Geschützte Rückzugsorte für Lebewesen, die als sichere Zufluchtsstätte dienen. Diese Bereiche bleiben von menschlichen Eingriffen weitgehend unberührt.

Zusammenfassung - 4. 2. Pflanzenschutz

- Resistente Sorten und geeignete Wurzelunterlagen bilden die Basis für gesunde Obstbäume
- Zu enge Pflanzabstände erhöhen die Luftfeuchtigkeit und begünstigen Pilzkrankheiten
- Eine 70%ige Alkohollösung eignet sich zur Desinfektion von Schnitt-Werkzeugen
- Übermäßige Stickstoffdüngung macht Bäume anfälliger für Krankheiten
- Schnittwunden müssen innerhalb von 24 Stunden mit Wundverschlussmitteln behandelt werden
- Doldenblütler wie Wilde Möhre sind ideale Nahrungsquellen für adulte Schwebfliegen
- Die präventive Ausbringung räuberischer Milben zu Vegetationsbeginn verhindert Spinnmilbenbefall
- Pheromonfallen stören den Fortpflanzungszyklus männlicher Falter
- Septoria-Blattflecken zeigen sich als runde graue Flecken mit dunklen Rändern
- Die Zitrusgrünkrankheit führt zu gelblichen Blattadern und asymmetrischer Chlorose
- Extraflorale Nektarien - zusätzliche Nektardrüsen außerhalb der Blüten - fördern Nützlinge besonders effektiv
- Ein gestaffeltes Mähregime mit mindestens 10 cm Schnitthöhe schont Nützlingspopulationen
- Mikrobiologische Präparate wirken spezifisch gegen bestimmte Schädlinge und schonen Nützlinge

4. 3. Jahrespflege

Die Pflege von Obstbäumen folgt einem natürlichen Jahresrhythmus, der verschiedene Arbeiten zu unterschiedlichen Zeiten erfordert. Doch welche Maßnahmen sind wann sinnvoll? Wie kann man die Vitalität der Bäume optimal unterstützen und gleichzeitig einen guten Ertrag sichern? Die systematische Jahrespflege umfasst spezifische Aufgaben für jede Jahreszeit - vom Frühjahrsschnitt über die Sommerpflege bis hin zu den vorbereitenden Maßnahmen für den Winter. Dabei spielen nicht nur der richtige Zeitpunkt, sondern auch die fachgerechte Durchführung eine entscheidende Rolle. Ein durchdachter Pflegeplan hilft, die Gesundheit der Bäume langfristig zu erhalten und die Grundlage für regelmäßige, qualitativ hochwertige Ernten zu schaffen. Die folgenden Kapitel zeigen detailliert die wichtigsten Pflegemaßnahmen für jede Jahreszeit und erklären, worauf es bei der praktischen Umsetzung besonders ankommt.

„Der Winterschnitt sollte vorzugsweise in den Monaten Januar und Februar durchgeführt werden, wobei alle Arbeiten bis Mitte März abgeschlossen sein sollten, bevor die Pflanzen aus ihrer Ruhephase erwachen."

4. 3. 1. Frühjahrsarbeiten

Mit dem Erwachen der Natur im Frühjahr beginnt die wichtige Phase der Obstbaumpflege, die entscheidend für eine erfolgreiche Ernte und die langfristige Gesundheit der Bäume ist [s218]. Die Frühjahrsarbeiten umfassen verschiedene essenzielle Pflegemaßnahmen, die systematisch und mit Bedacht durchgeführt werden sollten. Eine der ersten Aufgaben ist die Kontrolle und Entfernung von Wassertrieben, auch Wasserreiser genannt, die sich während der Wintermonate möglicherweise unbemerkt entwickelt haben [s219]. Diese stark nach oben wachsenden Triebe entziehen dem Baum unnötig Energie und sollten bodennah entfernt werden. Dabei empfiehlt es sich, an trockenen, sonnigen Tagen zu arbeiten, um die Wundheilung zu begünstigen. Besondere Aufmerksamkeit verdient der Frühjahrsschnitt bei Steinobst, der ausschließlich bei trockenem Wetter durchgeführt werden sollte, um die Übertragung von Krankheitserregern zu minimieren [s220]. Anders als beim Kernobst ist hier der Zeitpunkt besonders kritisch - idealerweise schneidet man kurz nach der Blüte, wenn die Bäume bereits im Saft stehen. Ein weiterer wichtiger Aspekt ist das fachgerechte Binden junger Bäume [s220]. Hierbei werden die Hauptäste in einem optimalen Winkel von etwa 45 Grad fixiert, was die Stabilität erhöht und eine ideale Kronenentwicklung fördert. Als Bindematerial eignen sich spezielle Baumbänder oder weiche Kokosschnüre, die den Stamm nicht einschneiden. Die Blütenausdünnung stellt eine weitere wichtige Frühjahrsmaßnahme dar, besonders bei jungen oder frisch gepflanzten Bäumen [s220]. Durch gezieltes Entfernen von etwa 30-40% der Blüten wird die Energie des Baumes auf weniger, dafür aber qualitativ hochwertigere Früchte konzentriert. Diese Maßnahme beugt auch der Alternanz vor - dem Wechsel zwischen Jahren mit üppiger und schwacher Ernte. Frostschutz spielt im Frühjahr eine zentrale Rolle [s220]. Bei Spätfrostgefahr können Vliesabdeckungen oder das Aufstellen von Frostkerzen die empfindlichen Blüten schützen. Eine bewährte Methode ist auch das Besprühen der Bäume mit Wasser am frühen Morgen, bevor die Temperaturen unter den Gefrierpunkt fallen. Die Frühjahrszeit eignet sich auch hervorragend für Veredelungsarbeiten [s220]. Dabei werden edle Reiser auf robuste Unterlagen gepfropft, um die gewünschten Obstsorten zu vermehren. Diese Arbeiten sollten idealerweise bei milden Temperaturen und steigendem Saftfluss durchgeführt werden. Die Düngung ist ein weiterer wichtiger

Bestandteil der Frühjahrspflege [s220]. Organische Dünger wie gut verrotteter Kompost oder spezielle Obstbaumdünger werden im Kronentraufbereich ausgebracht. Die Dosierung richtet sich nach Alter und Größe des Baumes - als Faustregel gilt: Pro Quadratmeter Kronenfläche etwa 3-5 Liter Kompost. Besonders wertvoll ist die sachkundige Pflege alter Obstbäume, die nicht nur köstliches Obst liefern, sondern auch wichtige ökologische Funktionen erfüllen [s221]. Sie bieten Lebensraum für zahlreiche Insekten, Vögel und andere Kleintiere und tragen so wesentlich zur Biodiversität bei. Ihre fachgerechte Pflege im Frühjahr ist daher nicht nur aus gartenbaulicher, sondern auch aus naturschutzfachlicher Sicht von großer Bedeutung. Die regelmäßige Kontrolle des Wasserhaushalts gehört ebenfalls zu den wichtigen Frühjahrsaufgaben [s219]. Besonders in Trockenperioden während der Blüte und beim Fruchtansatz ist eine ausreichende Wasserversorgung essentiell. Ein Mulchring aus organischem Material um den Stammbereich hilft dabei, die Feuchtigkeit im Boden zu halten.

Glossar

Alternanz
Ein natürlicher Rhythmus bei Obstbäumen, bei dem sich ertragsreiche und ertragsarme Jahre abwechseln. Dies ist eine Überlebensstrategie der Bäume, um ihre Ressourcen zu schonen.

Wasserreiser
Schnell wachsende, meist senkrecht stehende Triebe, die aus schlafenden Knospen entstehen. Sie werden auch als Angsttriebe bezeichnet, da sie häufig als Reaktion auf Stress oder zu starken Rückschnitt gebildet werden.

4. 3. 2. Sommerarbeiten

Die Sommerarbeiten im Obstbau stellen eine wichtige Ergänzung zur Frühjahrspflege dar und konzentrieren sich besonders auf die Kontrolle des Baumwachstums sowie die Optimierung der Licht- und Luftverhältnisse in der Krone [s222]. Diese Maßnahmen sind entscheidend für die Gesundheit der Bäume und die Qualität der Früchte. Ein zentraler Aspekt der sommerlichen Pflegearbeiten ist das fachgerechte Beschneiden. Dabei können bis zu 30% des Laubwerks aus den oberen und seitlichen Bereichen der Krone entfernt werden, ohne dass dies negative Auswirkungen auf das zukünftige Wachstum, die Blütenbildung oder den Fruchtertrag hat [s223]. Bei der praktischen Durchführung sollte man systematisch vorgehen und zunächst die Kronenhöhe auf etwa 1,8-2,4 Meter (6-8 Fuß) begrenzen, um eine gute Erreichbarkeit bei der Ernte zu gewährleisten [s224]. Besondere Aufmerksamkeit verdient die Lichtführung im Kroneninneren. Der Sommerschnitt verbessert die Lichtdurchlässigkeit [s225], was besonders für die Entwicklung von Fruchtknospen in den unteren Kronenbereichen wichtig ist. In der Praxis bedeutet dies, dass vorrangig nach innen wachsende, sich kreuzende oder zu dicht stehende Zweige entfernt werden sollten. Dabei ist zu beachten, dass die Lichtverfügbarkeit für die inneren Blätter auch nach dem Schnitt begrenzt bleibt [s225], weshalb ein ausgewogenes Maß beim Auslichten gefunden werden muss. Die Wahl des richtigen Zeitpunkts für den Sommerschnitt ist entscheidend. Die optimale Phase liegt direkt nach der Ernte bis etwa zwei bis drei Wochen danach [s224]. In dieser Zeit heilen die Schnittwunden besonders gut, was das Risiko von Krankheitsbefall deutlich reduziert. Bei der praktischen Durchführung empfiehlt es sich, an trockenen, sonnigen Tagen zu arbeiten und sauberes, scharfes Werkzeug zu verwenden. Ein wichtiger Aspekt der Sommerarbeiten ist die Kontrolle der Wassertriebe. Diese stark wachsenden, aufrechten Triebe sollten konsequent entfernt werden [s224], da sie dem Baum unnötig Energie entziehen. Dabei sollte man diese möglichst nah am Ansatz entfernen, um ein erneutes Austreiben zu vermeiden. Bei der Durchführung der Sommerarbeiten können verschiedene Schnittformen zur Anwendung kommen, darunter der modifizierte zentrale Führerschnitt, die offene Mitte, Spalierzug oder Buschform [s222]. Die Wahl der Schnittform richtet sich dabei nach der Obstart, dem verfügbaren Platz und den gewünschten Pflegezielen. Es ist wichtig zu beachten, dass der Sommerschnitt die Fruchtgröße beeinflussen kann [s225]. Um negative Auswirkungen zu minimieren, sollte der Schnitt nicht zu stark ausfallen und die Versorgung der sich entwickelnden Früchte durch ausreichend Blattmasse sichergestellt werden. Ein ausgewogenes Verhältnis zwischen Fruchtbehang und Blattmasse ist anzustreben. Die sommerlichen Pflegemaßnahmen tragen auch zur Verbesserung der Arbeitseffizienz bei [s224]. Durch eine gut strukturierte, luftige Krone werden spätere Arbeiten wie die Ernte oder Pflanzenschutzmaßnahmen deutlich erleichtert. Zudem reduziert ein sachgerechter Sommerschnitt den Aufwand für die Winterarbeiten erheblich. Ein weiterer positiver Effekt der Sommerarbeiten ist die verbesserte Luftzirkulation in der Krone [s223]. Dies trägt zur Vorbeugung von Pilzkrankheiten bei und fördert die gleichmäßige Abreife der Früchte. Bei der praktischen Umsetzung sollte man darauf achten, dass ausreichend "Luftschneisen" in der Krone geschaffen werden, ohne dabei die schützende Funktion des Blattwerks zu sehr zu beeinträchtigen.

4. 3. 3. Herbstarbeiten

Die Herbstarbeiten im Obstgarten sind entscheidend für die Gesundheit der Bäume und die Vorbereitung auf die kommende Saison. Mit dem Oktober beginnt die letzte große Ernteperiode für späte Obstsorten wie Äpfel, Birnen und Kastanien [s226]. Diese Zeit sollte auch für wichtige Pflegemaßnahmen genutzt werden, die den Grundstein für das nächste Gartenjahr legen. Eine zentrale Aufgabe im Herbst ist das Management des Falllaubs. Kranke Blätter können eine bedeutende Quelle für überdauernde Krankheitserreger darstellen [s227]. Um diesem Problem zu begegnen, gibt es verschiedene effektive Strategien: Das Laub kann gesammelt und kompostiert, vor Ort zerkleinert oder in den Boden eingearbeitet werden [s228]. Bei der praktischen Umsetzung empfiehlt es sich, das Laub zunächst mit einem Rasenmäher zu zerkleinern, was die Zersetzung beschleunigt. Alternativ kann eine 5%ige Harnstofflösung auf den Boden ausgebracht werden, die ebenfalls die Zersetzung fördert und gleichzeitig das Überdauern von Krankheitserregern reduziert [s228].

Fallobst [i32]

Besondere Aufmerksamkeit verdient auch das Fallobst. Liegengebliebene oder kranke Früchte müssen konsequent aus dem Obstgarten entfernt werden [s228]. In der Praxis bedeutet dies, regelmäßige Kontrollgänge durchzuführen und befallene Früchte zu sammeln. Diese sollten nicht auf dem Kompost landen, sondern fachgerecht entsorgt werden, um die Überwinterung von Krankheitserregern zu verhindern. Die Herbstzeit eignet sich auch hervorragend für eine gründliche Inspektion der Bäume auf Krankheitssymptome. Besonders wichtig ist die Identifizierung und Entfernung von Krebsstellen und anderen Krankheitsherden [s228]. Diese vorausschauende Maßnahme reduziert das Risiko von Neuinfektionen im Folgejahr erheblich. Bei der Durchführung sollte sauberes, desinfiziertes Werkzeug verwendet werden, um keine Krankheiten zu übertragen. Ein oft übersehener Aspekt der Herbstpflege ist die Vorbereitung kälteempfindlicher Bäume auf den Winter. Der optimale Zeitpunkt für Schutzmaßnahmen liegt nach dem natürlichen Blattfall [s227].

In der Praxis haben sich verschiedene Methoden bewährt: Junge Stämme können mit Schilfmatten oder speziellen Stammschutzmanschetten vor Frostschäden geschützt werden. Bei der Anbringung ist darauf zu achten, dass keine Hohlräume entstehen, die von Nagetieren als Unterschlupf genutzt werden könnten. Die Gesundheit des verbleibenden Laubs spielt eine wichtige Rolle für die Winterhärte der Bäume [s228]. Gesunde Blätter können bis zum natürlichen Abfall wichtige Nährstoffe in die Speicherorgane des Baumes zurückführen. Bei der Herbstpflege sollte daher darauf geachtet werden, dass keine unnötigen Verletzungen am noch vorhandenen Laub entstehen. Ein weiterer wichtiger Aspekt ist die Bodenpflege im Herbst. Das zerkleinerte Laub kann als wertvolle organische Substanz in den Boden eingearbeitet werden [s227]. Dies verbessert nicht nur die Bodenstruktur, sondern fördert auch das Bodenleben. In der Praxis empfiehlt es sich, das zerkleinerte Material oberflächlich einzuarbeiten und gegebenenfalls mit einer dünnen Schicht Kompost abzudecken. Die systematische Durchführung dieser Herbstarbeiten bildet die Grundlage für einen erfolgreichen Start in die nächste Vegetationsperiode. Dabei ist es wichtig, die einzelnen Maßnahmen gut zu koordinieren und an die spezifischen Bedingungen des jeweiligen Obstgartens anzupassen.

4. 3. 4. Winterarbeiten

Die Winterarbeiten im Obstbau bilden einen wichtigen Grundstein für die kommende Vegetationsperiode. Diese Zeit der Ruhephase bietet ideale Bedingungen für grundlegende Pflegemaßnahmen, da die Bäume über ausreichend Wurzel- und Energiereserven verfügen, um Schnittwunden optimal zu heilen [s229]. Der Winterschnitt sollte vorzugsweise in den Monaten Januar und Februar durchgeführt werden [s230], wobei alle Arbeiten bis Mitte März abgeschlossen sein sollten, bevor die Pflanzen aus ihrer Ruhephase erwachen [s231]. Die blattlose Zeit ermöglicht eine besonders gute Beurteilung der Baumstruktur, wodurch beschädigte und kranke Äste leichter zu erkennen sind [s229]. Bei der praktischen Durchführung des Winterschnitts ist ein systematisches Vorgehen entscheidend. Bei reifen, produzierenden Bäumen konzentriert man sich auf die Entwicklung einer offenen Kronenstruktur [s232]. Dabei werden zunächst die Hauptgerüstäste ausgewählt, die die grundlegende Vasenform bilden sollen. Von diesen werden dann zwei bis drei kräftige Seitenäste ausgewählt, die nach außen wachsen [s233]. Besonders wichtig ist dabei, dass keine alten Fruchtäste im Kroneninneren belassen werden und alle abgestorbenen Triebe konsequent entfernt werden [s232]. Die Wahl des Schnittzeitpunkts erfordert besondere Aufmerksamkeit. Der Schnitt sollte spät genug im Winter erfolgen, um extreme Kälteperioden zu vermeiden, da das durch den Schnitt angeregte neue Wachstum besonders frostempfindlich ist [s234]. Als praktische Faustregel gilt: An Tagen mit Temperaturen deutlich über dem Gefrierpunkt arbeiten, um eine optimale Wundheilung zu gewährleisten. Ein wichtiger Aspekt der Winterpflege ist die Schädlings- und Krankheitskontrolle. Im frühen März sollten Dormantöl-Sprays zur Bekämpfung von überwinternden Schädlingen wie Blattläusen und Milben aufgebracht werden [s231]. Diese Behandlung sollte bei Temperaturen zwischen 4°C und 29°C durchgeführt werden, keinesfalls aber nach dem Knospenbruch [s233]. Bei Bäumen, die im Vorjahr unter Pilzerkrankungen litten, können als letzte Option Kupfer- und Schwefelfungizide eingesetzt werden [s231]. Die Bodenpflege spielt ebenfalls eine wichtige Rolle während der Wintermonate. Eine gründliche Bodenbearbeitung unter den Obstbäumen hilft, im Boden überwinternde Schädlinge zu kontrollieren [s231]. Zur Förderung der Baumgesundheit kann in der späten Winter- bis frühen Frühlingszeit Komposttee als Bodendünger ausgebracht werden [s231]. Besondere Aufmerksamkeit verdienen kälteempfindliche Obstarten wie Feigen und Granatäpfel, die bis Mitte März ihren Winterschutz behalten sollten [s231]. Bei der Wundversorgung nach dem Schnitt hat sich die Praxis geändert: Das früher übliche Versiegeln oder Streichen von Schnittwunden wird heute nicht mehr empfohlen, da es den natürlichen Heilungsprozess des Baumes eher stört als unterstützt [s235]. Die Winterarbeiten bilden die Grundlage für eine erfolgreiche Obstsaison. Durch die richtige Pflege während der Ruhephase können die Bäume gestärkt in die neue Vegetationsperiode starten und sind besser gegen die Belastungen durch Krankheiten und Schädlinge gewappnet [s235]. Die sorgfältige Durchführung dieser Pflegemaßnahmen zahlt sich in Form von gesunden, produktiven Obstbäumen und einer reichen Ernte aus.

Glossar

Dormantöl
Ein spezielles Mineralöl zur Winterbehandlung von Obstbäumen, das die Atmung von überwinternden Insekten und deren Eiern unterbindet. Es wird auch als Winteröl oder Austriebsspritzmittel bezeichnet.

Zusammenfassung - 4. 3. Jahrespflege

- Wasserreiser sollten im Frühjahr bodennah entfernt werden, um dem Baum keine unnötige Energie zu entziehen.
- Der Steinobstschnitt erfolgt ausschließlich bei trockenem Wetter kurz nach der Blüte.
- Hauptäste junger Bäume werden in einem 45-Grad-Winkel fixiert für optimale Kronenentwicklung.
- 30-40% der Blüten werden zur Blütenausdünnung entfernt, um Alternanz vorzubeugen.
- Pro Quadratmeter Kronentraufe werden 3-5 Liter Kompost als Düngung ausgebracht.
- Bis zu 30% des Laubwerks können im Sommer ohne negative Auswirkungen entfernt werden.
- Die optimale Kronenhöhe liegt bei 1,8-2,4 Metern für gute Erreichbarkeit.
- Der ideale Sommerschnitt erfolgt direkt bis drei Wochen nach der Ernte.
- Krankes Falllaub kann mit 5%iger Harnstofflösung zur schnelleren Zersetzung behandelt werden.
- Gesunde Herbstblätter führen wichtige Nährstoffe in Speicherorgane zurück.
- Der Winterschnitt sollte bis Mitte März abgeschlossen sein.
- Dormantöl-Sprays werden im frühen März bei 4-29°C vor dem Knospenbruch aufgebracht.
- Das früher übliche Versiegeln von Schnittwunden wird heute nicht mehr empfohlen.

Rückblick - 4. Baumpflege und Gesunderhaltung

- Die 4R-Konzept-Düngung basiert auf der richtigen Quelle, Menge, Zeit und Platzierung von Düngemitteln
- Der optimale organische Stoffgehalt liegt bei sandigem Lehm bei 2% und bei Lehm- und Schlufflehm-Böden bei 3-4%
- 65-75% der Jahresration sollten zwischen spätem Winter und spätem Frühling ausgebracht werden
- Deckfrüchte zwischen Baumreihen können Nährstoffgehalte um 19,6% und Enzymaktivitäten um 25,2% steigern
- Chelatierte Eisenformen haben sich bei der Behandlung von Chlorosen bewährt
- Das ideale C:N-Verhältnis bei der Kompostierung liegt bei 30:1
- 50-80% der aufgenommenen Nährstoffe landen in den Blättern
- Pheromonfallen dienen sowohl der Überwachung als auch der direkten Bekämpfung von Schädlingen
- Septoria-Blattflecken zeigen sich als kleine, runde graue Flecken mit dunklen Rändern
- Die Mulchschicht sollte zwischen 7-10 cm stark sein, dünnere Schichten von 2,5 cm können kontraproduktiv sein
- Der Winterschnitt sollte bis Mitte März abgeschlossen sein
- Dormantöl-Sprays sollten bei Temperaturen zwischen 4°C und 29°C aufgebracht werden
- Bis zu 30% des Laubwerks können im Sommer aus der Krone entfernt werden
- Die Kronenhöhe sollte auf 1,8-2,4 Meter begrenzt werden
- 80% des jährlichen Stickstoffbedarfs stammen aus den Baumreserven

Kostenlose Zusatzangebote in Planung

Wir freuen uns, Ihnen künftig ergänzende kostenlose Materialien zu diesem Buch anbieten zu können:

- Ein exklusives Bonuskapitel mit zusätzlichen Inhalten
- Eine kompakte Zusammenfassung des gesamten Buches im PDF-Format

Die Veröffentlichung dieser Materialien ist für Januar 2025 geplant.
Besuchen Sie gerne schon heute unsere Website. Sobald unser Newsletter-Service startet (voraussichtlich Januar 2025), können Sie sich dort für Updates registrieren und verpassen keine Neuigkeiten zu den kostenlosen Zusatzangeboten.

SaageBooks.com/de/obstbaumschnitt-bonus-8OI659

Liebe Leserinnen, liebe Leser,

Ich fühle mich sehr geehrt, dass Sie sich die Zeit genommen haben, mein Buch von Anfang bis Ende zu lesen. Als Autor ist es mein größter Wunsch, Ihnen wertvolle Erkenntnisse und praktische Hilfestellungen mit auf den Weg zu geben. Ihr Vertrauen in meine Arbeit bedeutet mir sehr viel. Ich hoffe, die Lektüre war für Sie bereichernd. Sollten Sie Fragen oder Anregungen haben, können Sie mich gerne über unsere Website kontaktieren.

Wenn Ihnen dieses Buch gefallen hat, würde ich mich sehr über eine ehrliche Rezension freuen. Ihre Meinung ist mir wichtig und hilft anderen Lesern bei ihrer Entscheidung. Sie können Ihre ehrliche Bewertung ganz einfach auf der Verkaufsplattform hinterlassen, über die Sie das Buch erworben haben.
Vielen Dank für Ihre Unterstützung!

Artemis Saage

Saage Media GmbH

Quellen

Mein aufrichtiger Dank gilt allen Autorinnen und Autoren der zitierten wissenschaftlichen und nicht-wissenschaftlichen Quellen, den Betreibern der referenzierten Internetseiten sowie den Urheberinnen und Urhebern der verwendeten Bilder, Grafiken und Studien, deren wertvolle Arbeiten wesentlich zur Entstehung dieses Buches beigetragen haben.
Für weitere Informationen empfehle ich Ihnen, die verlinkten Quellen-Websites zu besuchen.

Alle Quellen wurden zuletzt aufgerufen am: 2025-01-01

[s1] - https://content.ces.ncsu.edu/north-carolina-production-guide-for-smaller-orchard-plantings
Autor: NC State Extension **Titel:** North Carolina Production Guide for Smaller Orchard Plantings
Webseite: NC State Extension Publications

[s2] - https://edis.ifas.ufl.edu/publication/MG330
Autor: Jonathan H. Crane, Carlos F. Balerdi, Ian Maguire **Titel:** Sugar Apple Growing in the Florida Home Landscape
von: IFAS Extension, University of Florida **Webseite:** University of Florida IFAS Extension

[s3] - https://aggie-horticulture.tamu.edu/fruit-nut/wp-content/uploads/sites/6/2015/04/peaches_2015.pdf
Autor: Jim Kamas, Larry Stein, Monte Nesbitt **Titel:** Peach Production in Texas
von: Texas AM AgriLife Extension Service **Webseite:** aggie-horticulture.tamu.edu
Publisher: Texas AM AgriLife Communications

[s4] - https://www.uvm.edu/~orchard/fruit/treefruit/tf_horticulture/AppleHortBasics/SiteSelection.html
Autor: Terence Bradshaw **Titel:** Site Selection and Preparation in Vermont Apple Orchards
von: University of Vermont **Webseite:** University of Vermont

[s5] - https://www.nature.org/content/dam/tnc/nature/en/documents/Climate-Ready-Trees-Report-Nov2020.pdf
Autor: The Nature Conservancy **Titel:** Tree Species Selection Guidelines for the Albuquerque Metro Area
Erscheinungsdatum: November 2020 **Webseite:** nature.org

[s6] - https://njaes.rutgers.edu/pubs/commercial-tree-fruit-guide/03-Orchard-Nutrition.pdf
Autor: Rutgers New Jersey Agricultural Experiment Station **Titel:** New Jersey Commercial Tree Fruit Production Guide
Erscheinungsdatum: 20232024 **Webseite:** NJAES

[s7] - https://www.nature.com/articles/s41597-023-01999-2
Autor: Mingde Sun, Yanyan Zhao, Zhenxu Liang, Yang Wu, Ruirui Du, Jun Liu, Futong Yu, Songzhong L iu **Titel:** Soil, leaf and fruit nutrient data for pear orchards located in the Circum-Bohai Bay and Loess Plate au regions
von: Institute of Forestry Pomology, Beijing Academy of Agriculture Forestry Sciences; College of Resources and Environmental Sciences, China A gricultural University **Erscheinungsdatum:** 11 February 2023
Webseite: Nature **Publisher:** Springer Nature

[s8] - http://hort.cornell.edu/gardening/soil/fruit-trees.pdf
Titel: Getting the most out of your fruit tree soil test report **von:** Cornell University
Webseite: Cornell Garden-Based Learning

[s9] - https://ag.umass.edu/greenhouse-floriculture/greenhouse-best-management-practices-bmp-manual/soil-testing
Titel: Soil Testing **von:** University of Massachusetts Amherst
Webseite: UMass Extension Greenhouse Crops and Flo riculture Program

[s10] - https://content.ces.ncsu.edu/soil-and-plant-analysis-for-apple-trees
Autor: John Havlin **Titel:** Soil and Plant Analysis for Apple Trees
von: N.C. Cooperative Extension **Erscheinungsdatum:** Jan. 5, 2015
Webseite: NC State Extension

[s11] - https://www.dpi.nsw.gov.au/agriculture/horticulture/citrus/content/crop-management/orchard-management-factsheets/soil
Autor: Lou Revelant, Sandra Hardy, Graeme Sanderson **Titel:** How to manage soil for citrus
von: DPI NSW **Erscheinungsdatum:** 17 Dec 2004
Webseite: DPI NSW

[s12] - https://www.canr.msu.edu/uploads/files/Applenutrition-EricHanson.pdf
Autor: Eric Hanson **Titel:** Apple Nutrition
von: Michigan State University **Webseite:** Michigan State University

[s13] - https://content.ces.ncsu.edu/north-carolina-production-guide-for-smaller-orchard-plantings
Autor: NC State Extension **Titel:** North Carolina Production Guide for Smaller Orchard Plantings
Webseite: NC State Extension Publications

[s14] - https://growingfruit.org/t/orchard-design-for-dummies/32204
Autor: Olin **Titel:** Orchard design for dummies
Erscheinungsdatum: November 20, 2020 **Webseite:** growingfruit.org

[s15] - https://permies.com/t/136880/space-trees-closer-slope-effects
Autor: Andrea Locke **Titel:** Can I space trees closer on slope? Effects of east-facing slope?
von: Permies.com **Webseite:** Permies

[s16] - https://centerforagroforestry.org/wp-content/uploads/2021/09/Chapter-3-Alley-Cropping-UMCA-AF-Training-Manual.pdf
Autor: University of Missouri Center for Agroforestry **Titel:** Chapter 3: Alley Cropping
Erscheinungsdatum: 2021 **Webseite:** Center for Agroforestry

[s17] - https://tropicalfruitforum.com/index.php?topic=21673.0
Autor: FruitFreak **Titel:** Tree Spacing for Mango Orchard - Collier County
Erscheinungsdatum: October 28, 2016 **Webseite:** Tropical Fruit Forum

[s18] - https://www.canr.msu.edu/uploads/234/70811/Chestnut_orchard_design_factsheet.pdf
Autor: Ag and Agribusiness Institute **Titel:** Chestnut Orchard Design
von: Michigan State University **Erscheinungsdatum:** 3912
Webseite: www.chestnuts.msu.edu **Publisher:** MSU Extension

[s19] - https://hilkensberg.org/docs/2022-09-27-edu-nl-wur-designing-agroforestry-systems-tree-planting-patterns-factsheet-7-english.pdf
Autor: Andrew Dawson Isabella Selin-Norn **Titel:** Designing agroforestry systems | Tree planting patterns
von: Wageningen University Research **Erscheinungsdatum:** 2022
Webseite: hilkensberg.org **Publisher:** Wageningen University Research

[s20] - https://content.ces.ncsu.edu/north-carolina-production-guide-for-smaller-orchard-plantings
Autor: NC State Extension **Titel:** North Carolina Production Guide for Smaller Orchard Plantings
Webseite: NC State Extension Publications

[s21] - https://aggie-horticulture.tamu.edu/fruit-nut/wp-content/uploads/sites/6/2015/04/peaches_2015.pdf
Autor: Jim Kamas, Larry Stein, Monte Nesbitt **Titel:** Peach Production in Texas
von: Texas AM AgriLife Extension Service **Webseite:** aggie-horticulture.tamu.edu
Publisher: Texas AM AgriLife Communications

[s22] - https://hos.ifas.ufl.edu/stonefruit/production/orchard-establishment-and-production/
Titel: Orchard Establishment and Production **von:** University of Florida
Webseite: University of Florida IFAS

[s23] - https://www.climatehubs.usda.gov/sites/default/files/Tree%20Fruit%20Guide_draft.pdf
Autor: subject matter experts from North Carolina State University and the University of Georgia **Titel:** DRAFT Fruit Tree Producers Guide to Preparing for and Recovering from Hurricanes in the Southeast U.S.
von: USDA SE Climate Hub **Webseite:** USDA Climate Hubs

[s24] - https://edis.ifas.ufl.edu/publication/HS229
Autor: P. C. Andersen and M. A. Shahid **Titel:** The Pecan Tree
von: IFAS Extension, University of Florida **Webseite:** University of Florida IFAS Extension

[s25] - https://barron.extension.wisc.edu/files/2023/02/Rootstocks-fro-Fruit-Trees-in-Wisconsin.pdf
Autor: Terry L. Roper **Titel:** Rootstocks for Fruit Trees in Wisconsin
von: University of Wisconsin-Extension, Cooperative Extension **Erscheinungsdatum:** 2001
Webseite: University of Wisconsin-Extension **Publisher:** University of Wisconsin-System Board of Regents and University of Wisconsin-Extension, Cooperative Extension

[s26] - https://extension.oregonstate.edu/sites/default/files/documents/1/2011-segraftingfruittreescompatibilitymode.pdf
Titel: Grafting Fruit Trees **von:** Oregon State University Extension Service
Webseite: Oregon State University Extension

[s27] - https://journals.ashs.org/downloadpdf/journals/hortsci/41/6/article-p1389.pdf
Autor: Olfa Zarrouk, Yolanda Gogorcena, Maria Angeles Moreno, Jorge Pinochet **Titel:** Graft Compatibility Between Peach Cultivars and Prunus Rootstocks
von: Agromillora Catalana S.A. **Erscheinungsdatum:** 2006
Webseite: American Society for Horticultural Science

[s28] - https://bmcplantbiol.biomedcentral.com/articles/10.1186/s12870-023-04346-0
Autor: Ahmed AbdelHady Rashedy, Hamed Hosni Hamed **Titel:** Morphological, physio-biochemical and nutritional status as potential markers for grafting compatibility in Kalamata olive cultivar
Erscheinungsdatum: 22 June 2023 **Webseite:** BMC Plant Biology
Publisher: BMC

[s29] - https://www.phillyorchards.org/2020/02/10/bud-grafting-of-fruit-trees/
Autor: Bethany Bronkema **Titel:** Bud Grafting of Fruit Trees
von: Philadelphia Orchard Project **Erscheinungsdatum:** 2020-02-10
Webseite: Philadelphia Orchard Project

[s30] - https://growingfruit.org/t/rootstock-graft-compatibility/14605
Autor: ILParadiseFarm **Titel:** Rootstock Graft Compatibility
Erscheinungsdatum: February 4, 2018 **Webseite:** Growing Fruit

[s31] - https://bmcplantbiol.biomedcentral.com/articles/10.1186/s12870-022-03847-8
Autor: Yunfei Mao, Xueli Cui, Haiyan Wang, Xin Qin, Yangbo Liu, Yanli Hu, Xuesen Chen, Zhiquan Mao, Xiang Shen **Titel:** Study of the grafting compatibility of the apple rootstock 122, resistant to apple replant diseases (ARD)
von: Shandong Agricultural University **Erscheinungsdatum:** 30 September 2022
Webseite: BMC Plant Biology **Publisher:** BMC

[s32] - https://durhammastergardeners.com/2022/07/20/the-budding-orchardist-to-everything-there-is-a-season/
Autor: Jeff Kanters, EMGV **Titel:** The Budding Orchardist: To Everything there is a Season
von: Extension Master Gardener Volunteers of Durham County **Erscheinungsdatum:** July 20, 2022
Webseite: Durham Master Gardeners

[s33] - https://content.ces.ncsu.edu/north-carolina-production-guide-for-smaller-orchard-plantings
Autor: NC State Extension **Titel:** North Carolina Production Guide for Smaller Orchard Plantings
Webseite: NC State Extension Publications

[s34] - https://orchardnotes.com/2021/02/27/growing-a-family-apple-tree-episode-1/
Autor: Darren T **Titel:** Growing a 'Family' Apple Tree Episode 1
von: Orchard Notes **Erscheinungsdatum:** 2021-02-27
Webseite: Orchard Notes

[s35] - https://www.phillyorchards.org/2020/02/10/bud-grafting-of-fruit-trees/
Autor: Bethany Bronkema **Titel:** Bud Grafting of Fruit Trees
von: Philadelphia Orchard Project **Erscheinungsdatum:** 2020-02-10
Webseite: Philadelphia Orchard Project

[s36] - http://www.albertaurbangarden.ca/2016/04/29/fruit-tree-grafting-for-beginners/
Autor: Stephen **Titel:** Fruit Tree Grafting for Beginners
von: Alberta Urban Garden **Erscheinungsdatum:** April 29, 2016
Webseite: Alberta Urban Garden

[s37] - https://elizapples.com/2016/03/20/on-their-own-roots/
Titel: On their own roots **von:** Elizapples
Erscheinungsdatum: March 20, 2016 **Webseite:** elizapples.com

[s38] - https://www.uvm.edu/~orchard/fruit/treefruit/tf_horticulture/HowTo/howtotopgraft.html
Autor: M. Elena Garcia, Renae E. Moran, Lorraine P. Berkett, Terence L. Bradshaw, Sarah Kingsley-Richards, Heather M. Darby, Robert L. Parsons, John P. Hayden, Morgan L. Cromwell **Titel:** Pictorial Guide to Top-Grafting an Orchard
von: University of Vermont Horticultural Research Center **Webseite:** University of Vermont

[s39] - https://orchardnotes.com/2021/06/03/check-grafted-trees-rootstock-regrowth/
Autor: Darren T **Titel:** Time to Check Grafted Trees for Rootstock Regrowth
von: Orchard Notes **Erscheinungsdatum:** June 3, 2021
Webseite: Orchard Notes

[s40] - https://journals.ashs.org/hortsci/downloadpdf/journals/hortsci/55/5/article-p729.pdf
Autor: Ute Albrecht, Shahrzad Bodaghi, Bo Meyering, Kim D. Bowman **Titel:** Influence of Rootstock Propagation Method on Traits of Grafted Sweet Orange Trees
von: University of Florida, U.S. Department of Agriculture **Erscheinungsdatum:** 2020
Webseite: HORTSCIENCE

[s41] - https://elizapples.com/2016/03/20/on-their-own-roots/
Titel: On their own roots **von:** Elizapples
Erscheinungsdatum: March 20, 2016 **Webseite:** elizapples.com

[s42] - https://www.ctahr.hawaii.edu/oc/freepubs/pdf/FN55.pdf
Autor: Elihu Isele, Maxwell Breen, Russell Galanti **Titel:** The Purpose of Grafting Cacao Trees
von: University of Hawai'i at Manoa **Erscheinungsdatum:** July 2020
Webseite: CTARH **Publisher:** College of Tropical Agriculture and Human Resources

[s43] - https://tropicalfruitforum.com/index.php?topic=1532.0
Autor: Mike T **Titel:** Mangosteen grafting
Erscheinungsdatum: June 02, 2012 **Webseite:** Tropical Fruit Forum

[s44] - https://blogs.cornell.edu/treefruit/production/tree-training-pruning-mechanization-planting-systems/
Titel: Tree Training, Orchard Mechanization, Pruning, Grafting **von:** Cornell University
Webseite: Cornell Fruit Resources

[s45] - https://www.pubs.ext.vt.edu/content/dam/pubs_ext_vt_edu/422/422-024/SPES-234.pdf
Autor: Richard P. Marini, Sherif Sherif **Titel:** Training and Pruning Apple Trees in Intensive Orchards
von: Virginia Tech **Erscheinungsdatum:** 2020
Webseite: www.ext.vt.edu **Publisher:** Virginia Cooperative Extension

[s46] - https://plantsandapples.com/2014/06/05/spindlebush-apple-trees/
Autor: Lynsey Payne **Titel:** Spindlebush Apple Trees
von: Plants and Apples **Erscheinungsdatum:** June 5, 2014
Webseite: plantsandapples.com

[s47] - https://www.canr.msu.edu/hrt/uploads/535/78649/HD-and-Tall-Spindle-12.pdf
Autor: Dr. Ron Perry **Titel:** Training and Pruning Tall Spindle Apple Orchard System
von: Michigan State University **Erscheinungsdatum:** 222012
Webseite: Michigan State University

[s48] - https://www.canr.msu.edu/uploads/resources/pdfs/cherry_training_systems_(e3247).pdf
Autor: L. Long, G. Lang, S. Musacchi, M. Whiting **Titel:** Cherry Training Systems
von: Oregon State University, Washington State University, University of Idaho **Erscheinungsdatum:** April 2015
Webseite: Pacific Northwest Extension **Publisher:** Oregon State University Extension Service

[s49] - https://www.orangepippintrees.co.uk/articles/how-to-choose-fruit-trees/fruit-tree-sizes
Titel: How to Choose Fruit Trees: Fruit Tree Sizes and Forms **von:** Orange Pippin Trees
Webseite: Orange Pippin Trees

[s50] - https://orchardnotes.com/2024/09/15/cordon-apple-tree-update-late-summer-2024-edition/
Autor: Darren T **Titel:** Cordon Apple Tree Update Late Summer 2024 Edition
von: Orchard Notes **Erscheinungsdatum:** September 15, 2024
Webseite: Orchard Notes

[s51] - https://fruitforum.wordpress.com/2010/02/03/how-should-i-train-my-apple-trees/
Autor: fruitforum **Titel:** How Should I Train My Apple Trees?
Erscheinungsdatum: February 3, 2010 **Webseite:** Fruit Forum

[s52] - https://kentorchards.org.uk/wp-content/uploads/2018/01/How-to-Prune-Plums.pdf
Titel: How to Prune Plums **von:** Kent Orchards
Webseite: Kent Orchards

[s53] - https://dutchlakefarm.wordpress.com/2012/02/24/espalier-apple-tree-fence/
Autor: Christie **Titel:** Espalier Apple Tree Fence
von: Dutch Lake Farm **Erscheinungsdatum:** February 24, 2012
Webseite: Dutch Lake Farm

[s54] - https://ottenbros.wordpress.com/2011/05/14/espalier-project-part-one-%E2%80%93-building-the-structure-and-tree-selection/
Autor: Christie Wood **Titel:** Espalier Project, part one Building the Structure and Tree Selection
von: Otten Bros. Garden Center and Landscaping **Erscheinungsdatum:** 2011-05-14
Webseite: Otten Bros. Garden Center and Landscaping

[s55] - https://fruitforum.wordpress.com/2010/02/03/how-should-i-train-my-apple-trees/
Autor: fruitforum **Titel:** How Should I Train My Apple Trees?
Erscheinungsdatum: February 3, 2010 **Webseite:** Fruit Forum

[s56] - https://content.ces.ncsu.edu/high-density-apple-orchard-management
Titel: High Density Apple Orchard Management **von:** NC State Extension
Webseite: NC State Extension Publications

[s57] - https://journals.ashs.org/hortsci/downloadpdf/journals/hortsci/25/1/article-p64.pdf
Autor: Filiberto Loreti, Piero L. Pisani **Titel:** Structural Manipulation for Improved Performance in Woody Plants
Erscheinungsdatum: January 1990 **Webseite:** HortScience

[s58] - https://fruit.wisc.edu/tree-fruit/apples/apple-resources/
Titel: Apple Resources **von:** University of Wisconsin-Madison
Webseite: Wisconsin Fruit

[s59] - http://www.ontario.ca/page/pruning-fruit-trees
Titel: Pruning Fruit Trees **von:** Ontario Government
Webseite: Ontario.ca

[s60] - https://orchardnotes.com/2017/02/18/establishing-our-air-pot-mini-orchard/
Titel: Establishing Our Air-Pot Mini Orchard **von:** Orchard Notes
Erscheinungsdatum: 2017-02-18 **Webseite:** Orchard Notes

[s61] - https://gregalder.com/yardposts/tools-for-pruning-fruit-trees/
Autor: Greg Alder **Titel:** Tools for pruning fruit trees
Erscheinungsdatum: 2022-12-23 **Webseite:** Greg Alders Yard Posts

[s62] - https://acreagenebraska.org/2024/03/04/the-basics-of-pruning-tools/
Autor: Sarah Browning **Titel:** The Basics of Pruning Tools
von: University of Nebraska Lincoln **Erscheinungsdatum:** March 4, 2024
Webseite: Acreage Life Nebraska

[s63] - https://www.sfequip.com/recent-news/about-the-hickok-lopper-care-use/
Titel: About the Hickok Lopper - Care Use **von:** Superior Fruit Equipment
Erscheinungsdatum: Jan 29th 2015 **Webseite:** sfequip.com

[s64] - https://portal.ct.gov/caes/fact-sheets/plant-pathology/pruning-an-introduction-to-why-how-and-when
Autor: Dr. Sharon M. Douglas **Titel:** Pruning: An Introduction to Why, How, and When
von: The Connecticut Agricultural Experiment Station **Erscheinungsdatum:** 801
Webseite: CT.gov

[s65] - https://www.sfequip.com/recent-news/the-cutting-dynamics-of-the-hickok-pruning-lopper/
Titel: The Cutting Dynamics of the Hickok Pruning Lopper **von:** SFEQUIP
Webseite: SFEQUIP

[s66] - https://extension.usu.edu/forestry/files/publications/other-publications/pruning-the-orchard.pdf
Autor: Ronald H. Walser, Wilford A. Wright, Alvin R. Hamson, Dan Drost, Tony Hatch **Titel:** Pruning the Orchard
von: Utah State University **Erscheinungsdatum:** March 1994
Webseite: extension.usu.edu

[s67] - https://gardenprofessors.com/tuning-up-for-pruning-up-care-maintenance-and-utilization-of-hand-pruning-tools/
Autor: A. J. Downer **Titel:** Tuning up for Pruning UpCare, Maintenance and Utilization of Hand Pruning Tools
von: The Garden Professors **Webseite:** Garden Professors

[s68] - https://www.phillyorchards.org/2015/08/25/emergency-pruning/
Autor: Robyn Mello **Titel:** Emergency Pruning for Fruit Trees
von: Philadelphia Orchard Project **Erscheinungsdatum:** 2015-08-25
Webseite: Philadelphia Orchard Project

[s69] - https://www.barnel.com/pruners.php
Titel: Barnel Pruners Catalog **von:** Barnel International, Inc.
Erscheinungsdatum: 2024 **Webseite:** barnel.com

[s70] - https://doli.virginia.gov/wp-content/uploads/2023/12/Program-Directive-12255.pdf
Autor: Courtney M. Malveaux **Titel:** VOSH Program Directive: 12-255 - Tree Tr imming Operations
von: Virginia Occupational Safety and Health (VOSH) **Erscheinungsdatum:** 26 April 2011
Webseite: Virginia Department of Labor and Industry

[s71] - https://doli.virginia.gov/wp-content/uploads/2024/02/TreeTrimmingOperations-6311.pdf
Autor: Virginia Department of Labor and Industry **Titel:** Tree Trimming Operations
Webseite: Virginia Department of Labor and Industry

[s72] - https://ucanr.edu/sites/fruitreport/files/133013.pdf
Autor: Warren Micke, Allan A. Hewitt, Jack Kelly Clark, Marvin Gerdts **Titel:** Pruning Fruit and Nut Trees
von: University of California Cooperative Extension **Erscheinungsdatum:** September 1980
Webseite: University of California Agriculture and Natural Resources

[s73] - https://up.codes/c/ladders
Titel: Ladders - UpCodes **von:** UpCodes
Webseite: UpCodes

[s74] - https://torcanlift.com/aerial-lift-for-tree-trimming/
Titel: All You Need to Know about Aerial Lift for Tree Trimming **von:** Torcan Lift Equipment
Webseite: torcanlift.com

[s75] - https://safetyresourcesblog.com/tag/fall-protection/
Autor: ericsafety75 **Titel:** Stand-Down for Safety 2023 Prevent Falls in Construction
Erscheinungsdatum: 2023-04-10 **Webseite:** safetyresourcesblog.com

[s76] - https://www.bclaws.gov.bc.ca/civix/document/id/complete/statreg/296_97_00
Titel: B.C. Reg. 29697 Workers Compensation Board **von:** Government of British Columbia
Erscheinungsdatum: September 8, 1997 **Webseite:** B.C. Laws
Publisher: Kings Printer

[s77] - https://edis.ifas.ufl.edu/publication/EP622
Autor: Rachel Gutner, Tina McIntyre, Tiare Silvasy, Hamutahl Cohen, Esen Momol **Titel:** Pruning, Harvesting and Maintenance of Florida-Friendly Edible Landscapes
von: University of Florida **Webseite:** University of Florida IFAS Extension

[s78] - https://gregalder.com/yardposts/tools-for-pruning-fruit-trees/
Autor: Greg Alder **Titel:** Tools for pruning fruit trees
Erscheinungsdatum: 2022-12-23 **Webseite:** gregalder.com

[s79] - https://ulu.coop/pruning-breadfruit-handbook
Titel: Pruning Breadfruit Handbook **von:** Hawaii Ulu Cooperative
Erscheinungsdatum: January 4, 2023 **Webseite:** ulu.coop

[s80] - https://gardenprofessors.com/tuning-up-for-pruning-up-care-maintenance-and-utilization-of-hand-pruning-tools/
Autor: A. J. Downer **Titel:** Tuning up for Pruning UpCare, Maintenance and Utilization of Hand Pruning Tools
von: The Garden Professors **Erscheinungsdatum:** November 29, 2024
Webseite: Garden Professors

[s81] - https://www.nytimes.com/wirecutter/reviews/best-garden-pruners/
Autor: Meg Muckenhoupt, Ellen Airhart **Titel:** Best Garden Pruners
von: Wirecutter **Webseite:** The New York Times
Publisher: The New York Times Company

[s82] - https://pcmg.ucanr.org/newsletters/Curious_Gardener_Newsletters77585.pdf
Autor: Ann Wright, Trish Grenfell **Titel:** The Curious Gardener
von: University of California Cooperative Extension **Erscheinungsdatum:** Winter 2019
Webseite: http:ceplacernevada.ucdavis.edu **Publisher:** UCCE Placer and Nevada Counties

[s83] - https://ulu.coop/pruning-breadfruit-handbook
Titel: Pruning Breadfruit Handbook **von:** Hawaii Ulu Cooperative
Erscheinungsdatum: January 4, 2023 **Webseite:** ulu.coop

[s84] - https://www.michigan.gov/leo/-/media/Project/Websites/leo/Documents/MIOSHA/Standards/General_Industry/GI_53/GI_53__6-26-2019.pdf
Titel: General Industry Standard - Tree Trimming and Removal **von:** Department of Labor and Economic Opportunity
Erscheinungsdatum: June 26, 2019 **Webseite:** www.michigan.govmioshastandards

[s85] - https://seasonaljobs.dol.gov/jobs/H-300-24008-623688
Titel: Ag Equip Operator **von:** National Fruit Orchards
Erscheinungsdatum: 2024-01-18 **Webseite:** seasonaljobs.dol.gov
Publisher: U.S. Department of Labor

[s86] - https://heavyequipmentappraisal.com/orchard-tractors/
Autor: Rhett C **Titel:** Orchard Tractors 2024: The Ultimate Guide
von: Heavy Equipment Appraisal **Erscheinungsdatum:** June 24, 2024
Webseite: Heavy Equipment Appraisal

[s87] - https://www.portland.gov/sites/default/files/2020-05/portland-pruners-program-overview.pdf
Autor: Commissioner Nick Fish **Titel:** Portland Pruners Program Overview
von: Portland Parks Recreation **Webseite:** portland.gov

[s88] - https://www.isa-arbor.com/Portals/0/Assets/PDF/Certification-Applications/Cert-Exam-Outline-CA.pdf
Titel: ISA Certified Arborist Examination Outline **von:** International Society of Arboriculture (ISA)
Webseite: ISA Arboriculture

[s89] - https://pubs.nmsu.edu/_h/H156/
Autor: Curtis W. Smith **Titel:** Tree Pruning Techniques
von: New Mexico State University **Erscheinungsdatum:** September 2005
Webseite: pubs.nmsu.edu **Publisher:** College of Agricultural, Consumer and Environmental Sciences

[s90] - https://permies.com/t/2590/prune-technique-holzer-fukuoka
Autor: Paul Wheaton **Titel:** Never Prune: Technique of Holzer and Fukuoka
von: Permies.com **Webseite:** Permies

[s91] - https://orchardnotes.com/2017/09/12/modified-lorette-system-pruning-summer-2017/
Titel: Modified Lorette System Pruning, Summer 2017 **von:** Orchard Notes
Erscheinungsdatum: 2017-09-12 **Webseite:** Orchard Notes

[s92] - https://ucanr.edu/sites/MontereyBayMasterGardeners/files/301235.pdf
Titel: Pruning in Action 2019 **von:** University of California, Division of Agriculture and Natural Resources
Webseite: ucanr.edu

[s93] - https://hort.ifas.ufl.edu/woody/prune-book.shtml
Autor: Edward F. Gilman **Titel:** An illustrated guide to pruning, third edition
von: DelmarCengage Learning **Erscheinungsdatum:** 2012
Webseite: University of Florida **Publisher:** Albany, NY

[s94] - https://kentorchards.org.uk/wp-content/uploads/2015/02/Traditional-Orchards-Formative-pruning-of-young-trees.pdf
Autor: Chris Wedge **Titel:** Traditional orchards: formative pruning of young trees
von: Natural England **Erscheinungsdatum:** 19 October 2007
Webseite: Natural England

[s95] - https://www.abc.net.au/gardening/how-to/a-formative-prune/9434720
Autor: Sophie Thomson **Titel:** A Formative Prune
von: ABC **Erscheinungsdatum:** 2013-06-28
Webseite: ABC Gardening **Publisher:** ABC

[s96] - https://www.canr.msu.edu/uploads/resources/pdfs/cherry_training_systems_(e3247).pdf
Autor: L. Long, G. Lang, S. Musacchi, M. Whiting **Titel:** Cherry Training Systems
von: Oregon State University, Washington State University, University of Idaho **Erscheinungsdatum:** April 2015
Webseite: Michigan State University **Publisher:** Pacific Northwest Extension

[s97] - http://www.ontario.ca/page/pruning-fruit-trees
Titel: Pruning Fruit Trees **von:** Ontario Government
Webseite: Ontario.ca

[s98] - https://www.growables.org/clubs/documents/SuncoastFrom2013/STFVC_NorisLedesmaPresentation_021016.pdf
Autor: Noris Ledesma, PhD **Titel:** Training and Pruning a Mango Orchard to Improve Blooming, Architecture and Yield in South Florida
von: Wiled **Webseite:** Growables

[s99] - https://www.bonsaiempire.com/basics/styling/pruning
Titel: Pruning a Bonsai **von:** Bonsai Empire
Webseite: Bonsai Empire

[s100] - https://pubs.nmsu.edu/_h/H327/index.html
Autor: Shengrui Yao **Titel:** Pruning the Home Orchard
von: New Mexico State University **Webseite:** New Mexico State University Publications
Publisher: College of Agricultural, Consumer, and Environmental Sciences

[s101] - https://exclusives.ca.uky.edu/2024/hort/simple-pruning-tips-your-fruit-trees-during-dormant-season
Autor: Delia Scott **Titel:** Simple pruning tips for your fruit trees during the dormant season
von: University of Kentucky **Erscheinungsdatum:** 2024-02-08
Webseite: Exclusives - University of Kentucky **Publisher:** Martin-Gatton College of Agriculture, Food and Environment

[s102] - https://catalog.sierracollege.edu/search/?P=AGRI%200164
Titel: AGRI 0164. Sustainable Tree Care **von:** Sierra College
Webseite: Sierra College Catalog

[s103] - https://travis-tx.tamu.edu/about-2/horticulture/ornamental-plants/pruning-trees-and-shrubs-with-a-purpose/
Autor: Texas AM AgriLife Extension Service **Titel:** Pruning Trees and Shrubs With a Purpose
Webseite: Texas AM AgriLife Extension

[s104] - https://www.leaflimb.com/Pruning-Framework-Video/
Autor: Basil **Titel:** Planning to Prune? Use this simple framework and avoid deadly mistakes.
von: Leaf Limb **Webseite:** leaflimb.com

[s105] - https://travis-tx.tamu.edu/about-2/horticulture/ornamental-plants/pruning-trees-and-shrubs-with-a-purpose/
Autor: Texas AM AgriLife Extension Service **Titel:** Pruning Trees and Shrubs With a Purpose
Webseite: Texas AM AgriLife Extension

[s106] - https://portal.ct.gov/caes/fact-sheets/plant-pathology/pruning-an-introduction-to-why-how-and-when
Autor: Dr. Sharon M. Douglas **Titel:** Pruning: An Introduction to Why, How, and When
von: The Connecticut Agricultural Experiment Station **Erscheinungsdatum:** 801
Webseite: CT.gov

[s107] - https://extension.umaine.edu/fruit/growing-fruit-trees-in-maine/pruning/
Titel: Pruning **von:** University of Maine
Webseite: University of Maine Cooperative Extension

[s108] - https://pubs.nmsu.edu/_h/H156/
Autor: Curtis W. Smith **Titel:** Tree Pruning Techniques
von: New Mexico State University **Erscheinungsdatum:** September 2005
Webseite: pubs.nmsu.edu **Publisher:** College of Agricultural, Consumer and En vironmental Sciences

[s109] - https://extapps.dec.ny.gov/docs/lands_forests_pdf/prunetree.pdf
Autor: Peter J. Bedker, Joseph G. O'Brien, Manfred M. Mielke **Titel:** How to Prune Trees
von: USDA Forest Service **Webseite:** https:extapps.dec.ny.gov

[s110] - https://hort.ifas.ufl.edu/woody/documents/articles/EFG0404.pdf
Autor: Edward F. Gilman, Gary W. Knox **Titel:** Pruning Type Affects Decay and Structure of Crapemyrtle
Erscheinungsdatum: 2005 **Webseite:** University of Florida
Publisher: International Society of Arboriculture

[s111] - https://ohioline.osu.edu/factsheet/HYG-3311-09
Autor: Nathan M. Kleczewski, Pierluigi Bonello, Jim Chatfield **Titel:** Pruning and Care of Tree Wounds
von: The Ohio State University **Erscheinungsdatum:** 02012012
Webseite: Ohioline **Publisher:** Ohio State University Extension

[s112] - https://pubs.nmsu.edu/_h/H327/index.html
Autor: Shengrui Yao **Titel:** Pruning the Home Orchard
von: New Mexico State University **Webseite:** New Mexico State University Publications
Publisher: College of Agricultural, Consumer, and E nvironmental Sciences

[s113] - https://forums.botanicalgarden.ubc.ca/threads/pruning-paste-for-cherry-tree.33276/
Autor: SteveInBx **Titel:** Pruning paste for cherry tree
von: UBC Botanical Garden **Erscheinungsdatum:** Nov 7, 2007
Webseite: UBC Botanical Garden Forums

[s114] - https://purduelandscapereport.org/article/when-you-prune-it-dont-paint-it/
Autor: Lindsey Purcell **Titel:** When you prune it, don't paint it!
von: Purdue University **Erscheinungsdatum:** May 21, 2019
Webseite: Purdue Landscape Report

[s115] - https://www.uvm.edu/~orchard/fruit/treefruit/tf_horticulture/AppleHortBasics/plantingsystems.html
Autor: Terence Bradshaw **Titel:** Tree Training and Planting Systems in Vermont Apple Orchards
von: University of Vermont **Webseite:** University of Vermont

[s116] - http://nwedible.com/fruit-trees-summer-pruning-vs-winter-pruning/
Autor: Erica **Titel:** Fruit Trees: Summer Pruning vs. Winter Pruning
von: Northwest Edible Life **Erscheinungsdatum:** March 12, 2014
Webseite: Northwest Edible Life

[s117] - https://ag.umass.edu/fruit/fact-sheets/fr-h-2-2020-apple-tree-training-pruning
Autor: Win Cowgill, Jon Clements, Wes Autio **Titel:** FR-H-2-2020: Apple Tree Training and Pruning
von: University of Massachusetts Amherst **Erscheinungsdatum:** 2020
Webseite: UMass Extension Fruit Program

[s118] - https://growingfruit.org/t/apple-pruning-paul-gautschi-style/58865
Autor: Paul-VA **Titel:** Apple pruning - Paul Gautschi style
Erscheinungsdatum: December 18, 2023 **Webseite:** Growing Fruit

[s119] - https://permies.com/t/2590/prune-technique-holzer-fukuoka
Autor: Paul Wheaton **Titel:** Never Prune Technique of Holzer and Fukuoka
von: Permies.com **Webseite:** Permies

[s120] - https://content.ces.ncsu.edu/high-density-apple-orchard-management
Titel: High Density Apple Orchard Management **von:** NC State Extension
Webseite: NC State Extension Publications

[s121] - https://orchardnotes.com/category/top-fruit-pruning/
Titel: Top Fruit Pruning **von:** Orchard Notes
Erscheinungsdatum: 2024-01-07 **Webseite:** Orchard Notes

[s122] - https://hort.extension.wisc.edu/articles/espalier/
Autor: Susan Mahr **Titel:** Espalier
von: University of Wisconsin Madison **Webseite:** Wisconsin Horticulture
Publisher: Division of Extension

[s123] - https://kindling.org.uk/sites/kindling.org.uk/files/2021-11/Kindling-AftercareGuide-v6_0.pdf
Titel: Your Newly Grafted Tree Aftercare Guide **von:** Kindling
Webseite: kindling.org.uk

[s124] - https://www.orangepippintrees.co.uk/articles/fruit-tree-advice/fruit-tree-fans-and-espaliers
Titel: Training fruit trees as fans and espaliers **von:** Orange Pippin Ltd
Webseite: Orange Pippin Trees

[s125] - https://bistroonesix.com/pruning-fruit-trees/
Autor: John Dodson **Titel:** Pruning Fruit Trees
von: Bistro OneSix **Erscheinungsdatum:** 2016-04-05
Webseite: Bistro OneSix

[s126] - https://www.dpi.nsw.gov.au/agriculture/horticulture/pomes/other/quince-growing
Titel: Quince Growing **von:** NSW Department of Primary Industries
Webseite: DPI NSW

[s127] - https://thegroundedorchardist.co.uk/tag/fruit-tree-problems/
Autor: Paula Fleming **Titel:** Deer damage on fruit trees
von: The Grounded Orchardist **Erscheinungsdatum:** 2023-11-14
Webseite: The Grounded Orchardist

[s128] - https://acreagenebraska.org/2022/03/10/pruning-fruit-trees-vs-shade-trees/
Autor: Sarah Browning **Titel:** Pruning Fruit Trees vs. Shade Trees
von: University of Nebraska Lincoln **Erscheinungsdatum:** March 10, 2022
Webseite: Acreage Life Nebraska

[s129] - https://extension.umd.edu/resource/growing-stone-fruits-home-garden-cherries-peaches-plums
Autor: Jon Traunfeld
Titel: Growing Stone Fruits in a Home Garden - Cherries, Peaches, Plums
von: University of Maryland Extension
Erscheinungsdatum: May 23, 2024
Webseite: University of Maryland Extension

[s130] - https://fruit.wisc.edu/tree-fruit/cherries-and-other-stone-fruit/
Titel: Cherries and Other Stone Fruit
von: University of Wisconsin-Madison
Webseite: Wisconsin Fruit

[s131] - https://edis.ifas.ufl.edu/publication/HS365
Autor: Ali Sarkhosh, James Ferguson
Titel: Training and Pruning Florida Peaches, Ne ctarines, and Plums
von: University of Florida
Webseite: University of Florida IFAS Extension

[s132] - https://acreagenebraska.org/2022/03/10/pruning-fruit-trees-vs-shade-trees/
Autor: Sarah Browning
Titel: Pruning Fruit Trees vs. Shade Trees
von: University of Nebraska Lincoln
Erscheinungsdatum: March 10, 2022
Webseite: Acreage Life Nebraska

[s133] - https://www.ces.ncsu.edu/wp-content/uploads/2015/02/TrainingAndPruningFruitTrees.pdf
Autor: North Carolina Cooperative Extension Service
Titel: Training and Pruning Fruit Trees
von: North Carolina State University
Webseite: North Carolina State University
Publisher: North Carolina Cooperative Extension Service

[s134] - https://durhammastergardeners.com/2022/07/20/the-budding-orchardist-to-everything-there-is-a-season/
Autor: Jeff Kanters, EMGV
Titel: The Budding Orchardist: To Everything there is a Season
von: Extension Master Gardener Volunteers of Durham County
Erscheinungsdatum: July 20, 2022
Webseite: Durham Master Gardeners

[s135] - https://extension.umd.edu/resource/growing-stone-fruits-home-garden-cherries-peaches-plums
Autor: Jon Traunfeld
Titel: Growing Stone Fruits in a Home Garden - Cherries, Peaches, Plums
von: University of Maryland Extension
Erscheinungsdatum: May 23, 2024
Webseite: University of Maryland Extension

[s136] - https://durhammastergardeners.com/2022/07/20/the-budding-orchardist-to-everything-there-is-a-season/
Autor: Jeff Kanters, EMGV
Titel: The Budding Orchardist: To Everything there is a Season
von: Extension Master Gardener Volunteers of Durham County
Erscheinungsdatum: July 20, 2022
Webseite: Durham Master Gardeners

[s137] - https://extension.umd.edu/resource/growing-stone-fruits-home-garden-cherries-peaches-plums
Autor: Jon Traunfeld
Titel: Growing Stone Fruits in a Home Garden - Cherries, Peaches, Plums
von: University of Maryland Extension
Erscheinungsdatum: May 23, 2024
Webseite: University of Maryland Extension

[s138] - https://hos.ifas.ufl.edu/stonefruit/production/orchard-establishment-and-production/
Titel: Orchard Establishment and Production
von: University of Florida
Webseite: hos.ifas.ufl.edu

[s139] - https://help.raintreenursery.com/hc/en-us/articles/4412769518093-Espalier-and-Other-Intensive-Pruning-and-Training
Autor: Xander Rose
Titel: Espalier and Other Intensive Pruning and Training
von: Raintree Nursery
Erscheinungsdatum: January 14, 2022
Webseite: Raintree Nursery Help Center

[s140] - https://acreagenebraska.org/2022/03/10/pruning-fruit-trees-vs-shade-trees/
Autor: Sarah Browning
Titel: Pruning Fruit Trees vs. Shade Trees
von: University of Nebraska Lincoln
Erscheinungsdatum: March 10, 2022
Webseite: Acreage Life Nebraska

[s141] - https://uthort.tennessee.edu/wp-content/uploads/sites/228/2023/11/SP307-D.pdf
Autor: David W. Lockwood
Titel: Fruits and Nuts: Fruit Tree Management T imetable
von: University of Tennessee Institute of Agriculture
Webseite: UT Extension

[s142] - https://portal.ct.gov/caes/fact-sheets/plant-pathology/disease-control-for-home-peach-orchards
Autor: Dr. Sharon M. Douglas
Titel: Disease Control for Home Peach Orchards
von: The Connecticut Agricultural Experiment Station
Erscheinungsdatum: 1103R
Webseite: CT.gov

[s143] - https://edis.ifas.ufl.edu/publication/HS365
Autor: Ali Sarkhosh, James Ferguson
Titel: Training and Pruning Florida Peaches, Ne ctarines, and Plums
von: University of Florida
Webseite: University of Florida IFAS Extension

[s144] - https://content.ces.ncsu.edu/north-carolina-production-guide-for-smaller-orchard-plantings
Autor: NC State Extension
Titel: North Carolina Production Guide for Smaller Orchard Plantings
Webseite: NC State Extension Publications

[s145] - https://extension.umd.edu/resource/growing-stone-fruits-home-garden-cherries-peaches-plums
Autor: Jon Traunfeld
Titel: Growing Stone Fruits in a Home Garden - Cherries, Peaches, Plums
von: University of Maryland Extension
Erscheinungsdatum: May 23, 2024
Webseite: University of Maryland Extension

[s146] - https://extension.umd.edu/resource/growing-dwarf-citrus
Autor: Christa Carignan
Titel: Growing Dwarf Citrus
von: University of Maryland Extension
Erscheinungsdatum: March 13, 2023
Webseite: University of Maryland Extension

[s147] - https://californiacitrusthreat.org/wp-content/themes/citrus/files/pdf/CP-137-1019-CPDPP-Blog-Tips_For_Growing_Citrus_This_Fall.pdf
Titel: Tips for Growing Citrus This Fall… and Throughout the Year
von: California Citrus Threat
Webseite: California Citrus Threat

[s148] - https://ucanr.edu/sites/placernevadasmallfarms/files/134946.pdf
Autor: Cindy Fake, Horticulture Small Farms Advisor, Nevada Placer Counties
Titel: Pruning Citrus
von: University of California Cooperative Extension Placer Nevada Counties
Erscheinungsdatum: January 2012
Webseite: University of California Agriculture and Natural Resources

[s149] - https://www.ediblebackyard.co.nz/how-when-to-prune-citrus/
Autor: Kath Irvine
von: Edible Backyard
Webseite: Edible Backyard
Titel: How (+ When) to Prune Citrus
Erscheinungsdatum: July 29, 2024

[s150] - https://www.mediterraneangardensociety.org/citrus.html
Autor: Peta Birger Jensen, Jaime Sacha Ruiz, Dick Handscombe
von: Mediterranean Garden Society
Webseite: Mediterranean Garden Society
Titel: Citrus Cultivation
Erscheinungsdatum: October 2013

[s151] - https://extension.umd.edu/resource/growing-dwarf-citrus
Autor: Christa Carignan
von: University of Maryland Extension
Webseite: University of Maryland Extension
Titel: Growing Dwarf Citrus
Erscheinungsdatum: March 13, 2023

[s152] - https://myproductivebackyard.wordpress.com/2014/07/26/how-to-maintain-your-potted-citrus/
Autor: Kathy Finigan
von: myproductivebackyard
Webseite: myproductivebackyard
Titel: How to Maintain Your Potted Citrus
Erscheinungsdatum: July 26, 2014

[s153] - https://www.thespruce.com/growing-meyer-lemon-trees-in-pots-848166
Autor: Kerry Michaels
von: The Spruce
Webseite: The Spruce
Titel: How to Grow and Care for Meyer Lemon Tree
Erscheinungsdatum: 121123
Publisher: Dotdash Meredith

[s154] - https://gregalder.com/yardposts/when-and-how-to-prune-citrus-trees/
Autor: Greg Alder
Erscheinungsdatum: 2017-04-17
Titel: When and how to prune citrus trees
Webseite: gregalder.com

[s155] - https://www.southernliving.com/garden/trees/dwarf-fruit-trees
Autor: Patricia S York
von: Southern Living
Webseite: Southern Living
Titel: How To Grow And Care For A Dwarf Fruit Tree
Erscheinungsdatum: March 8, 2024
Publisher: Southern Living

[s156] - https://permies.com/t/178201/Official-start-attempt-Citrus-zone
Autor: Marty Mitchell
Webseite: permies.com
Titel: Official start to my attempt at Citrus in zone 7B Chesapeake, VA

[s157] - https://tropicalfruitforum.com/index.php?topic=23783.0
Autor: SoCal2warm, rfelsch, Millet
Erscheinungsdatum: May 11, 2017
Titel: Citrus in the Pacific Northwest
Webseite: Tropical Fruit Forum

[s158] - https://hydroponicsinfo.co.uk/pests-and-pest-control/
Titel: Pests and Pest Control
Webseite: hydroponicsinfo.co.uk
von: Hydroponics Info

[s159] - https://www.mediterraneangardensociety.org/citrus.html
Autor: Peta Birger Jensen, Jaime Sacha Ruiz, Dick Handscombe
von: Mediterranean Garden Society
Webseite: Mediterranean Garden Society
Titel: Citrus Cultivation
Erscheinungsdatum: October 2013

[s160] - https://hydroponicsinfo.co.uk/pests-and-pest-control/
Titel: Pests and Pest Control
Webseite: hydroponicsinfo.co.uk
von: Hydroponics Info

[s161] - https://solar.lowtechmagazine.com/2020/04/fruit-trenches-cultivating-subtropical-plants-in-freezing-temperatures/
Autor: Kris De Decker
von: Low-tech Magazine
Webseite: Low-tech Magazine
Titel: Fruit Trenches: Cultivating Subtropical Plants in Freezing Temperatures
Erscheinungsdatum: April 16, 2020

[s162] - https://napavalleyfocus.substack.com/p/cultivating-citrus-in-napa-valley
Autor: Tom Hixson
von: Napa Valley Features
Webseite: Napa Valley Focus
Titel: Cultivating citrus in Napa Valley
Erscheinungsdatum: 2024-01-24
Publisher: Napa Valley Features

[s163] - https://www.ars.usda.gov/ARSUserFiles/34338/PDF/2011/2011_HorTech-21-6-674-682.pdf
Autor: David R. Bryla
von: U.S. Department of Agriculture
Webseite: ARS USDA
Titel: Application of the '4R' Nutrient Stewardship Concept to Horticultural Crops: Getting Nutrients in the 'Right' Place
Erscheinungsdatum: December 2011

[s164] - https://njaes.rutgers.edu/pubs/commercial-tree-fruit-guide/03-Orchard-Nutrition.pdf
Autor: Rutgers New Jersey Agricultural Experiment Station
Erscheinungsdatum: 20232024
Titel: New Jersey Commercial Tree Fruit Production Guide
Webseite: NJAES

[s165] - https://content.ces.ncsu.edu/extension-gardener-handbook/1-soils-and-plant-nutrients
Titel: North Carolina Extension Gardener Handbook: 1. Soils Plant Nutrients
Webseite: NC State Extension
von: North Carolina State University

[s166] - https://citrusindustry.net/2023/04/28/getting-the-most-out-of-your-nutrition-program/
Autor: Brandon White
von: University of Florida Institute of Food and Agricultural Sciences
Webseite: Citrus Industry
Titel: Getting the Most Out of Your Nutrition Program
Erscheinungsdatum: 2023-04-28
Publisher: AgNet Media, Inc.

[s167] - https://crec.ifas.ufl.edu/media/crecifasufledu/extension/pomegranates/pdf/Pomegranate-Nutrition-and-Fertilization.pdf
Autor: Dr. Mongi Zekri
von: UFIFAS Extension
Titel: Pomegranate Nutrition and Fertilization: A Small Introduction
Webseite: University of Florida Institute of Food and Agricu ltural Sciences

[s168] - https://journals.ashs.org/hortsci/view/journals/hortsci/59/8/article-p1088.xml
Autor: Jun Ma, Guangzong Li, Jianwen Tian, Yonghua Jia, Yannan Chu, Haiying Yue, Haixia Wang, Xia olong Li
von: Horticulture Research Institute of Ningxia Academy of Agricultural and Forestry Sciences
Webseite: HortScience
Titel: Effects of Interrow Vegetation on Soil Properties and Apple Tree Performance in Arid and S emiarid Zones
Erscheinungsdatum: 01 Aug 2024
Publisher: American Society for Horticultural Science

[s169] - https://www.ctahr.hawaii.edu/oc/freepubs/pdf/pnm3.pdf
Autor: R. Uchida
von: College of Tropical Agriculture and Human Resources, University of Hawaii at Manoa
Webseite: CTARH - University of Hawaii
Titel: Plant Nutrient Management in Hawaii's Soils
Erscheinungsdatum: 2000

[s170] - https://hgic.clemson.edu/factsheet/fertilizing-trees-shrubs/
Autor: Donald L. Ham, PhD, Emeritus Faculty, Forestry, Clemson University; Debbie Shaughnessy, Former HGIC Information Specialist, Clemson University; Robert F. Polomski, PhD, Associate Extension SpecialistEnvironmental HorticultureArboriculture, Clemson University **Titel:** Fertilizing Trees Shrubs
von: Clemson University Cooperative Extension Service **Erscheinungsdatum:** November 8, 2023
Webseite: HGIC Clemson **Publisher:** Clemson University

[s171] - https://lovattresearch.ucr.edu/sites/default/files/2019-11/semitech_lovatt_2013.pdf
Autor: Carol J. Lovatt **Titel:** 'HASS' AVOCADO NUTRITION RESEARCH IN CALIFORNIA
von: University of California, Riverside **Webseite:** Lovatt Research

[s172] - https://www.epa.gov/sustainable-management-food/composting
Titel: Composting **von:** Environmental Protection Agency (EPA)
Webseite: EPA

[s173] - https://www.thegardenacademy.com/soils-fertility/598-2/
Titel: Mulching with Tree Leaves **von:** The Garden Academy
Webseite: The Garden Academy

[s174] - https://burcellteam.com/how-do-organic-materials-of-solid-waste-decompose-naturally/
Titel: How Do Organic Materials of Solid Waste Decompose Naturally? **von:** BurCell Technologies
Webseite: BurCell Team

[s175] - https://www.theresistancegarden.com/building-and-maintaining-soil-fertility-utilizing-the-decay-cycle-to-increase-the-velocity-of-nutrients-accumulation/
Titel: Building and maintaining soil fertility: utilizing the decay cycle to increase the velocity of nutrients accumulation **von:** The Resistance Garden
Erscheinungsdatum: August 18, 2021 **Webseite:** theresistancegarden.com

[s176] - https://content.ces.ncsu.edu/extension-gardener-handbook/1-soils-and-plant-nutrients
Titel: North Carolina Extension Gardener Handbook: 1. Soils Plant Nutrients **von:** North Carolina State University
Webseite: NC State Extension

[s177] - https://bnrc.springeropen.com/articles/10.1186/s42269-020-00290-3
Autor: Rashid Iqbal, Muhammad Aown Sammar Raza, Mohammad Valipour, Muhammad Farrukh Saleem, Muhammad Saqlain Zaheer, Salman Ahmad, Monika Toleikiene, Imran Haider, Muhammad Usman Aslam, Muhammad Adnan Nazar **Titel:** Potential agricultural and environmental benefits of mulchesa review
von: SpringerOpen **Erscheinungsdatum:** 2020-05-18
Webseite: Bulletin of the National Research Centre **Publisher:** Springer

[s178] - https://cesonoma.ucanr.edu/files/27205.pdf
Autor: Paul Vossen Chuck Ingals **Titel:** Orchard Floor Management
von: University of California Agriculture and Natural Resources **Erscheinungsdatum:** 100102
Webseite: cesonoma.ucanr.edu

[s179] - https://www.fao.org/4/ac681e/ac681e08.htm
Titel: Orchard Management and Plant Husbandry **von:** Food and Agriculture Organization (FAO)
Webseite: FAO

[s180] - https://journals.ashs.org/hortsci/view/journals/hortsci/50/3/article-p434.xml
Titel: Comparison of Orchard Floor Management Systems in Organic Apple Orchards **von:** American Society for Horticultural Science
Erscheinungsdatum: 01 Mar 2015 **Webseite:** HortScience

[s181] - https://eorganic.org/node/33459
Autor: Anthony Whaley, Jennifer Reeve, Brent Black, Corey Ransom, Diane Alston, Mae Culumber, Lexi Coyle **Titel:** Establishing Organic Peaches in the Intermountain West
von: Utah State University **Webseite:** eOrganic

[s182] - https://ucanr.edu/sites/nm/files/76675.pdf
Autor: Dr. Preston Andrews **Titel:** Nutrient Management in Organic Apple Orchards
Erscheinungsdatum: November 2002 **Webseite:** University of California Agriculture and Natural Resources

[s183] - https://link.springer.com/article/10.1007/s42729-024-01666-4
Autor: Brian T. Lawrence, Juan Carlos Melgar **Titel:** Effect of Municipal Mulch and Poultry Litter Amendments on Soil and Tree Parameters of a Mature Peach Orchard in a Humid Subtropical Climate
Erscheinungsdatum: 21 February 2024 **Webseite:** SpringerLink
Publisher: Springer

[s184] - https://www.uvm.edu/~orchard/fruit/treefruit/tf_horticulture/AppleHortBasics/Readings/fertilizing_apple_trees.pdf
Autor: Spectrum Analytic Inc. **Titel:** Fertilizing Apples
von: Spectrum Analytic Inc. **Webseite:** www.spectrumanalytic.com

[s185] - https://www.cdfa.ca.gov/is/ffldrs/frep/FertilizationGuidelines/Avocado.html
Titel: CA Fertilization Guidelines - Avocado **von:** California Department of Food and Agriculture (CDFA)
Webseite: CDFA

[s186] - https://extension.colostate.edu/topic-areas/yard-garden/fertilizing-fruit-trees-7-612/
Autor: C.E. Swift **Titel:** Fertilizing Fruit Trees 7.612
von: Colorado State University Extension **Erscheinungsdatum:** 1214
Webseite: Colorado State University Extension

[s187] - https://pubs.nmsu.edu/_h/H319/
Autor: Esteban A. Herrera **Titel:** Fertilization Programs for Apple Orchards
von: New Mexico State University **Webseite:** New Mexico State University Publications

[s188] - https://pubs.nmsu.edu/_h/H602/index.html
Autor: Ron Byford **Titel:** Pecan Orchard Fertilization
von: New Mexico State University **Webseite:** New Mexico State University Publications

[s189] - https://pubs.nmsu.edu/_h/H317/index.html
Autor: Natalie P. Goldberg **Titel:** Apple Disease Control
von: New Mexico State University **Webseite:** New Mexico State University Publications

[s190] - https://ohioline.osu.edu/factsheet/plpath-fru-22-0
Autor: Melanie L. Ivey **Titel:** Fire Blight of Apples and Pears
von: The Ohio State University **Erscheinungsdatum:** 10192016
Webseite: Ohioline **Publisher:** Ohio State University Extension

[s191] - https://www.72tree.com/apple-scab-disease-and-treatment/
Titel: Apple Scab Disease and Treatment **von:** 72Tree
Webseite: 72tree.com

[s192] - https://medcraveonline.com/ICPJL/principles-of-disease-management-in-fruit-crops.html
Autor: SK Thind **Titel:** Principles of disease management in fruit crops
von: Punjab Agricultural University **Erscheinungsdatum:** May 16, 2017
Webseite: MedCrave Online **Publisher:** International Clinical Pathology Journal

[s193] - https://www.phillyorchards.org/2016/03/14/organic-sulfur-spray-and-early-spring-management/
Autor: Erika D'Andrea, Steve Palder, Robyn Mello **Titel:** Organic Sulfur Spray and Early Spring Ma nagement
von: Philadelphia Orchard Project **Erscheinungsdatum:** August 2022
Webseite: Philadelphia Orchard Project

[s194] - https://extension.colostate.edu/topic-areas/agriculture/12556-2/
Autor: Jane E. Stewart, Stephan T. Miller, Ioannis S. Minas **Titel:** Preventive Control for Cytospora Canker on Peach
von: Colorado State University Extension **Erscheinungsdatum:** 918
Webseite: Colorado State University Extension

[s195] - https://portal.ct.gov/CAES/Fact-Sheets/Plant-Pathology/Disease-Control-for-Home-Apple-Orchards
Autor: Dr. Sharon M. Douglas **Titel:** Disease Control for Home Apple Orchards
von: The Connecticut Agricultural Experiment Station **Webseite:** CT.gov

[s196] - https://www.homeorchardeducationcenter.org/arboretum-blog/growing-stone-fruit-in-the-pacific-northwest
Autor: Meagan Mckenney **Titel:** Troubleshooting Stone Fruits In The Pacific Northwest
von: Home Orchard Education Center **Erscheinungsdatum:** Jun 29
Webseite: Home Orchard Education Center

[s197] - https://content.ces.ncsu.edu/extension-gardener-handbook/8-integrated-pest-management-ipm
Titel: 8. Integrated Pest Management (IPM) **von:** NC State Extension Publications
Webseite: NC State Extension

[s198] - https://farmonaut.com/precision-farming/organic-olive-pest-control-effective-ipm-strategies-for-aceria-oleae-and-other-mites/
Autor: farmonaut **Titel:** Organic Olive Pest Control: Effective IPM Strategies for Aceria Oleae and Other Mites
von: Farmonaut **Erscheinungsdatum:** September 29, 2024
Webseite: Farmonaut

[s199] - https://edis.ifas.ufl.edu/publication/EP629
Autor: Tina McIntyre, Rachel Gutner, Hamutahl Cohen, Tiare Silvasy, Esen Momol **Titel:** A Florida-Friendly Landscaping Approach to Pest Management in Your Edible Landscape
von: University of Florida **Webseite:** University of Florida IFAS Extension

[s200] - https://extension.usu.edu/planthealth/ipm/files/ezplug/uploads/publications/home-orchard-guide/home-orchard-guide.pdf
Autor: Diane Alston, Marion Murray, C. Kent Evans **Titel:** Utah Home Orchard Pest Management Guide
von: Utah State University **Erscheinungsdatum:** 2008
Webseite: extension.usu.edu

[s201] - https://biocontrol.ucr.edu/argentine-ants
Autor: Mark S. Hoddle, Ph.D. **Titel:** Argentine Ants
von: University of California, Riverside **Webseite:** Center for Invasive Species Research

[s202] - https://cms.ctahr.hawaii.edu/epp/Education/Study-Guide-Packets/APC-Core/APC-Unit1
Titel: Applying Pesticides Correctly: A Guide for Private and Commercial Applicators - UNIT 1: Pr inciples of Pest Control **von:** University of Hawaii
Webseite: University of Hawaii CTAHR

[s203] - https://www.tceq.texas.gov/downloads/publications/rg/chapter-2-rg-348.pdf
Titel: Chapter 2: Non-Structural Best Management Practices **von:** Texas Commission on Environmental Quality
Webseite: TCEQ

[s204] - https://extension.usu.edu/planthealth/ipm/files/ezplug/uploads/publications/home-orchard-guide/home-orchard-guide.pdf
Autor: Diane Alston, Marion Murray, C. Kent Evans **Titel:** Utah Home Orchard Pest Management Guide
von: Utah State University **Erscheinungsdatum:** 2008
Webseite: extension.usu.edu

[s205] - https://www.ctahr.hawaii.edu/oc/freepubs/pdf/scm-14.pdf
Autor: Scot C. Nelson, Brian C. Bushe **Titel:** Collecting Plant Disease and Insect Pest Samples for Problem Diagnosis
von: College of Tropical Agriculture and Human Resources (CTAHR) **Erscheinungsdatum:** July 2006
Webseite: University of Hawai'i at Mnoa **Publisher:** UH-CTAHR

[s206] - https://extension.umd.edu/resource/key-common-problems-tomatoes
Autor: Christa Carignan **Titel:** Key to Common Problems of Tomatoes
von: University of Maryland Extension **Erscheinungsdatum:** July 28, 2023
Webseite: University of Maryland Extension

[s207] - https://edis.ifas.ufl.edu/publication/CG086
Autor: Megan M. Dewdney, Tripti Vashisth, Lauren M. Diepenbrock **Titel:** 20242025 Florida Citrus Production Guide: Huanglongbing (Citrus Greening)
von: University of Florida **Webseite:** IFAS Extension

[s208] - https://www.ars.usda.gov/ARSUserFiles/np303/NPDRS/Documents/Little%20Cherry%20Disease%20Recovery%20Plan_Plant%20Health%20Progress%202023.pdf
Autor: Scott J. Harper, Tobin D. Northfield, Louis R. Nottingham, S. Tianna DuPont, Ashley A. Tho mpson, Bernardita V. Sallato, Corina F. Serban, Madalyn K. Shires, Alice A. Wright, Katlyn A. Catron, Adrian T. Marshall, Cody Molnar, W. Ro dney Cooper **Titel:** Recovery Plan for X-Disease in Stone Fruit Caused by 'Candidatus Phytoplasma pruni'
von: U.S. Department of Agriculture Agricultural Research Service **Erscheinungsdatum:** 2023-04-28
Webseite: Plant Health Progress **Publisher:** The American Phytopathological Society

[s209] - https://openknowledge.fao.org/handle/20.500.14283/y5041e
Autor: Forestry Economics and Policy Division **Titel:** An illustrated guide to the state of health of trees
von: FAO (Food and Agriculture Organization) **Erscheinungsdatum:** 2003
Webseite: FAO Knowledge Repository

[s210] - https://extension.usu.edu/planthealth/ipm/files/ezplug/uploads/publications/home-orchard-guide/home-orchard-guide.pdf
Autor: Diane Alston, Marion Murray, C. Kent Evans **Titel:** Utah Home Orchard Pest Management Guide
von: Utah State University **Erscheinungsdatum:** 2008
Webseite: extension.usu.edu

[s211] - https://pmc.ncbi.nlm.nih.gov/articles/PMC6723448/
Autor: Annette Herz, Fabian Cahenzli, Servane Penvern, Lukas Pfiffner, Marco Tasin, Lene Sigsgaard **Titel:** Managing Floral Resources in Apple Orchards for Pest Control: Ideas, Experiences and Future Directions
von: Julius Khn-Institut, Research Institute of Organic Agriculture (FiBL), INRA, Swedish University of Agricultural Science, University of Copenhagen **Erscheinungsdatum:** 2019 Aug 11
Webseite: PMC **Publisher:** MDPI, Basel, Switzerland

[s212] - https://hos.ifas.ufl.edu/stonefruit/production/insect-management/
Titel: Insect Management **von:** University of Florida
Webseite: University of Florida IFAS

[s213] - https://www.sare.org/publications/managing-cover-crops-profitably/managing-pests-with-cover-crops/
Autor: Sharad C. Phatak and Juan Carlos Diaz-Perez **Titel:** Managing Pests with Cover Crops
von: Sustainable Agriculture Research and Education (SARE) **Erscheinungsdatum:** 2007
Webseite: SARE

[s214] - https://www.edf.org/sites/default/files/content/ManagingVegetationinNutOrchards%20.pdf
Autor: Environmental Defense Fund **Titel:** Managing Vegetation for Agronomic and Ecological Benefits in California Nut Orchards
Erscheinungsdatum: February 2021 **Webseite:** Environmental Defense Fund

[s215] - https://www.ams.usda.gov/sites/default/files/media/Transitioning%20to%20Organic%20Management%20of%20Orchards_FINAL.pdf
Autor: Guy Ames **Titel:** Tipsheet: Transitioning to Organic Management of Orchards
von: National Center for Appropriate Technology **Erscheinungsdatum:** July 2015
Webseite: ATTRA

[s216] - https://netreefruit.org/organic/insecticide-options-organic-apple-production
Titel: Insecticide Options in Organic Apple Production **von:** University of Massachusetts Amherst
Webseite: New England Tree Fruit Management Guide

[s217] - https://www.amy-pennington.com/blog/flowers-are-pest-control-natures-aphid-repellent
Autor: Amy Pennington **Titel:** Flowers are Pest Control - Natures Aphid Repellent
von: Washington State University **Erscheinungsdatum:** Jun 20
Webseite: amy-pennington.com

[s218] - https://galabau-kunze.de/weitere-leistungen/
Titel: Weitere Leistungen **von:** Garten- und Landschaftsbau Kunze
Erscheinungsdatum: 2023 **Webseite:** galabau-kunze.de

[s219] - https://www.portlandfruit.org/fruittreecare
Titel: Fruit Tree Care **von:** Portland Fruit Tree Project
Webseite: Portland Fruit Tree Project

[s220] - https://thegroundedorchardist.co.uk/category/diseases-and-disorders/
Autor: Paula Fleming **Titel:** Diseases and Disorders
Webseite: The Grounded Orchardist

[s221] - https://greencare-baumpflege.de/obstbaumschnitt/
Titel: Obstbaumschnitt **von:** GreenCare Baumpflege
Webseite: greencare-baumpflege.de

[s222] - https://ucanr.edu/sites/mgslo/files/318635.pdf
Autor: Charles Davis and Kim McCue **Titel:** Deciduous Fruit Trees Care and Maintenance - Winter and Summer Pruning
von: University of California Agriculture and Natural Resources **Webseite:** UC Agriculture and Natural Resources

[s223] - https://ucanr.edu/sites/mgslo/files/346105.pdf
Autor: Sandra Fischbein, Rob Keim Mike Zigelman **Titel:** FRUIT TREES: CARE AND MAINTENANCE - WINTER PRUNING
von: UC Master Gardeners **Webseite:** University of California Agriculture and Natural Resources

[s224] - https://edis.ifas.ufl.edu/publication/HS1377
Autor: Ali Sarkhosh, Dustin Huff, Trequan McGee, Juanita Popenoe **Titel:** Summer Pruning in Low-Chill Peaches Grown in Florida
von: University of Florida **Webseite:** UFIFAS Extension

[s225] - https://journals.ashs.org/hortsci/downloadpdf/journals/hortsci/39/5/article-p969.pdf
Autor: Kuo-Tan Li, Alan N. Lakso **Titel:** Photosynthetic Characteristics of Apple Spur Leaves after Summer Pruning to Improve Exposure to Light
von: Cornell University **Erscheinungsdatum:** August 2004
Webseite: HORTSCIENCE

[s226] - https://www.phillyorchards.org/2021/10/05/pop-tips-october-orchard-care-tasks/
Titel: POP TIPS: October Orchard Care Tasks **von:** Philadelphia Orchard Project
Erscheinungsdatum: 2021-10-05 **Webseite:** Philadelphia Orchard Project

[s227] - https://www.phillyorchards.org/2021/11/02/pop-tips-november-orchard-care/
Titel: POP TIPS: November Orchard Care **von:** Philadelphia Orchard Project
Erscheinungsdatum: 2021-11-02 **Webseite:** Philadelphia Orchard Project

[s228] - https://fruit.wisc.edu/2021/09/16/post-harvest-disease-management-in-the-vineyard-and-the-orchard/
Autor: Leslie Holland **Titel:** Post-Harvest Disease Management in the Vineyard and the Orchard
von: University of Wisconsin-Madison **Erscheinungsdatum:** September 16, 2021
Webseite: Wisconsin Fruit

[s229] - https://inexpensivetreecare.com/blog/tree-pruning-guide-by-season/
Autor: Inexpensive Tree Care **Titel:** Tree Pruning Guide by Season
von: Inexpensive Tree Care **Erscheinungsdatum:** February 5, 2018
Webseite: Inexpensive Tree Care

[s230] - https://www.portlandfruit.org/treecare
Titel: Tree Care Services **von:** Portland Fruit Tree Project
Webseite: Portland Fruit Tree Project

[s231] - https://www.phillyorchards.org/2021/03/11/pop-tips-march-orchard-care-tasks/
Autor: Phil Forsyth **Titel:** POP TIPS: March Orchard Care Tasks
von: Philadelphia Orchard Project **Erscheinungsdatum:** 2021-03-11
Webseite: Philadelphia Orchard Project

[s232] - https://edis.ifas.ufl.edu/publication/HS365
Autor: Ali Sarkhosh, James Ferguson
Titel: Training and Pruning Florida Peaches, Nectarines, and Plums
von: University of Florida
Webseite: University of Florida IFAS Extension

[s233] - https://nwdistrict.ifas.ufl.edu/hort/2014/02/04/stone-fruit-winter-care/
Autor: Blake Thaxton
Titel: Stone Fruit Winter Care
von: University of Florida IFAS Extension
Erscheinungsdatum: Feb 4, 2014
Webseite: Northwest District IFAS

[s234] - https://gardeningsolutions.ifas.ufl.edu/care/pruning/pruning-deciduous-fruit-trees/
Titel: Pruning Deciduous Fruit Trees
von: University of Florida IFAS Extension
Erscheinungsdatum: 2024
Webseite: Gardening Solutions

[s235] - https://texastreesurgeons.com/blog/2019/11/22/best-time-to-trim/
Titel: When is the Best Time to Trim Trees?
von: Texas Tree Surgeons
Erscheinungsdatum: 2019-11-22
Webseite: Texas Tree Surgeons

Bild-Quellen

Informationen zu allen folgenden Bildern

Keines der Bilder wurden verändert, nur die Auflösung wurde angepasst.
Alle Bilder haben weiterhin die ursprängliche Lizenz.
Trotz sorgfältiger Prüfung kann die Richtigkeit und die Zuordnung der Bilder nicht garantiert werden.
Alle verwendeten Bilder wurden gemäß ihrer jeweiligen Lizenzbestimmungen verwendet.
Bei der eBook Version wurden die Bilder zu nummerierten Collagen zusammengestellt.
Alle Bilder wurden final abgerufen und geprüft am 2025-01-01.

Verwendete Lizenzen

CC BY 4.0	https://creativecommons.org/licenses/by/4.0
CC BY 2.0	https://creativecommons.org/licenses/by/2.0
CC0	http://creativecommons.org/publicdomain/zero/1.0/deed.en
CC BY 3.0	https://creativecommons.org/licenses/by/3.0

Bildnachweise

[i1] - 001_001_001_image_bodenentwaesserung.jpeg
https://upload.wikimedia.org/wikipedia/commons/9/9d/Pattern_Tile_Drainage_%2816284974643%29.jpg
Date: 2015-03-20 **von:** OceanAtoll
Künstler: USFWS Mountain-Prairie **License:** Public domain

[i2] - 001_001_003_image_wurzelkonkurrenz.jpeg
https://upload.wikimedia.org/wikipedia/commons/f/ff/Root_Symbiosis.jpg
Date: 2021-11-28 **von:** Zai.lll
License: CC BY 4.0 (https:creativecommons.orglicensesby4.0)

[i3] - 001_001_004_image_tropfbewaesserungssystem.jpeg
https://upload.wikimedia.org/wikipedia/commons/8/87/Drip_emitter.jpg
Date: 2007-12-10 **von:** Alan.ca
License: Public domain

[i4] - 001_002_001_image_zwergunterlagen.jpeg
https://upload.wikimedia.org/wikipedia/commons/5/5f/Planting_guide_%2816375209545%29.jpg
Date: 1967 **von:** Fae
Künstler: Bountiful Ridge Nurseries.; Henry G. Gilbert Nursery and Seed Trade Catalog Collection. **License:** CC BY 2.0 (https:creativecommons.orglicensesby2.0)

[i5] - 001_002_002_image_pflanzzeit.jpeg
https://upload.wikimedia.org/wikipedia/commons/a/ae/Photograph_of_Tree_Planting_with_Michigan_Planting_Bar_-_NARA_-_2129002.jpg
Date: June **von:** US National Archives bot
Künstler: classfn value> Unknown authorUnknown author or not provided **License:** Public domain

---

[i6] - 002_001_001_image_handscheren.jpeg
https://upload.wikimedia.org/wikipedia/commons/5/5c/My_trusty_gardening_gloves_%26_secateurs_which_need_a_good_clean_by_the_look_of_them_%288711272274%29.jpg
Date: 2013-03-18 **von:** PKM
Künstler: shrinkinviolet **License:** CC BY 2.0 (https:creativecommons.orglicensesby2.0)

[i7] - 002_001_001_image_lopper.jpeg
https://upload.wikimedia.org/wikipedia/commons/1/15/Pruning_shears.jpg
Date: 2013-01-29 **von:** Roumpf
Künstler: barockschloss **License:** CC BY 2.0 (https:creativecommons.orglicensesby2.0)

[i8] - 002_001_001_image_klappsaegen.jpeg
https://upload.wikimedia.org/wikipedia/commons/8/8b/Jaws_%28foldable_saw%29.jpg
Date: 2013-10-11 **von:** Abalg
Künstler: Lisa Ann Yount **License:** CC0 (http:creativecommons.orgpublicdomainzero1.0deed.en)

[i9] - 002_001_002_image_aluminiumleiter.jpeg
https://upload.wikimedia.org/wikipedia/commons/f/fc/1619Men_of_the_Philippines_with_aluminum_step_ladders_20.jpg
Date: 2021-01-18 **von:** Judgefloro
License: CC0 (http:creativecommons.orgpublicdomainzero1.0deed.en)

[i10] - 002_001_003_image_schneidwerkzeuge.jpeg
https://upload.wikimedia.org/wikipedia/commons/5/55/Set_of_seven_pruning_tools_MET_DT278729.jpg
Date: between **von:** Pharos
License: CC0 (http:creativecommons.orgpublicdomainzero1.0deed.en)

[i11] - 002_001_003_image_schmiermittel.jpeg
https://upload.wikimedia.org/wikipedia/commons/3/3d/Grease_gun_and_attachment.jpg
Date: 2008-09-07 **von:** Flickr upload bot
Künstler: Bryn Pinzgauer **License:** CC BY 2.0 (https:creativecommons.orglicensesby2.0)

[i12] - 002_001_003_image_werkzeugaufbewahrung.jpeg
https://upload.wikimedia.org/wikipedia/commons/6/63/Tool-Components-%28inserts%29.jpg
Date: 15 May 2011 **von:** File Upload Bot (Magnus Manske)
Künstler: Shop-Floor-Manager **License:** Public domain

[i13] - 002_002_002_image_erziehungsschnitt.jpeg
https://upload.wikimedia.org/wikipedia/commons/9/9a/Urrbrae_Agricultural_College_showing_students_pruning_fruit_trees%28GN13401%29.jpg
Date: circa **von:** Htsa
Künstler: classfn value> State Government Photographer **License:** CC0 (http:creativecommons.orgpublicdomainzero1.0deed.en)

[i14] - 002_002_003_image_vegetatives_wachstum.jpeg
https://upload.wikimedia.org/wikipedia/commons/5/51/Cannabis-vegetative-growth-00003.jpg
Date: 2007-02-24 **von:** JPatrickBedell
Künstler: J. Patrick Bedell **License:** Public domain

[i15] - 003_001_001_image_apfelbaum.jpeg
https://upload.wikimedia.org/wikipedia/commons/1/19/Tree_with_red_apples_in_Barkedal_4.jpg
Date: 2018-09-01 **von:** W.carter
License: CC0 (http:creativecommons.orgpublicdomainzero1.0deed.en)

[i16] - 003_001_003_image_naehrstoffmangel.jpeg
https://upload.wikimedia.org/wikipedia/commons/4/47/Grape_leaf_showing_nutrient_deficiency.jpg
Date: 2017-08-27 **von:** Flickr upload bot
Künstler: http:www.kvins.com **License:** CC BY 2.0 (https:creativecommons.orglicensesby2.0)

[i17] - 003_002_001_image_braune_faeule.jpeg
https://upload.wikimedia.org/wikipedia/commons/f/fa/Monilinia_fructicola.jpg
Date: 2008-12-10 **von:** Million Moments~commonswiki
Künstler: Mary Ann Hansen **License:** CC BY 3.0 (https:creativecommons.orglicensesby3.0)

[i18] - 003_002_002_image_kankererkrankungen.jpeg
https://upload.wikimedia.org/wikipedia/commons/2/25/Citrus_canker_on_fruit.jpg
Date: 2012-09-09 **von:** Hohum
License: Public domain

[i19] - 003_002_003_image_wassermanagement.jpeg
https://upload.wikimedia.org/wikipedia/commons/b/b1/Elberta_Peach_Tree_in_bearing%2C_Murrumbidgee_Irrigation_Area%2C_N.S.W._%289627255916%29.jpg
Date: 2013-08-30 **von:** Dclemens1971
Künstler: Special Collections **License:** Public domain

[i20] - 003_003_004_image_gewaechshaus.jpeg
https://upload.wikimedia.org/wikipedia/commons/b/b1/Small_greenhouse_with_grapevines_escaping.jpg
Date: 2017-08-22 **von:** W.carter
License: CC0 (http:creativecommons.orgpublicdomainzero1.0deed.en)

[i21] - 004_001_001_image_duengungskonzepte.jpeg
https://upload.wikimedia.org/wikipedia/commons/3/3f/Ecosan_farming_%283941023106%29.jpg
Date: 2007-01-01 **von:** Fae
Künstler: SuSanA Secretariat **License:** CC BY 2.0 (https:creativecommons.orglicensesby2.0)

[i22] - 004_001_004_image_blattduengung.jpeg
https://upload.wikimedia.org/wikipedia/commons/d/db/New_agriculture_1.jpg
Date: 2021-12-12 **von:** Helena.Chorzewska
License: CC BY 4.0 (https:creativecommons.orglicensesby4.0)

[i23] - 004_001_004_image_cuticula.jpeg
https://upload.wikimedia.org/wikipedia/commons/5/5c/Cuticle_overlying_upper_epidermis_in_mesophyte_leaf_%2835103215772%29.jpg
Date: 2014-02-10 **von:** Meisam
Künstler: Berkshire Community College Bioscience Image Library **License:** CC0 (http:creativecommons.orgpublicdomainzero1.0deed.en)

[i24] - 004_001_004_image_chlorosen.jpeg
https://upload.wikimedia.org/wikipedia/commons/e/ee/Sweetgum-leaf-interveinal-chlorosis.jpg
Date: 2008-07-28 **von:** Eug
Künstler: Jim Conrad **License:** Public domain

[i25] - 004_002_002_image_marienkaefer.jpeg
https://upload.wikimedia.org/wikipedia/commons/0/06/Ladybird.jpg
Date: 2003-05-22 **von:** BLueFiSH.as
Künstler: Jon Sullivan (PD-PDphoto.org) **License:** Public domain

[i26] - 004_002_002_image_ameisen.jpeg
https://upload.wikimedia.org/wikipedia/commons/d/d6/Portrait_of_an_ant%2C_profile_view.jpg
Date: 2018-12-09 **von:** Retro Lenses
License: CC BY 4.0 (https:creativecommons.orglicensesby4.0)

[i27] - 004_002_002_image_mikroorganismen.jpeg
https://upload.wikimedia.org/wikipedia/commons/b/bc/E_coli_at_10000x%2C_original.jpg
Date: 2005-03 **von:** Brian0918
Künstler: Photo byfkfkrErbe, digital colorization by Christopher Pooley, both of USDA, ARS, EMU. **License:** Public domain

[i28] - 004_002_003_image_septoria.jpeg
https://upload.wikimedia.org/wikipedia/commons/9/9c/Septoria-tritici.jpg
Date: 2006-07-05 **von:** Bildoj
Künstler: Maccheek **License:** Public domain

[i29] - 004_002_003_image_zitrusgruenkrankheit.jpeg
https://upload.wikimedia.org/wikipedia/commons/1/1e/Huanglongbing.jpg

Date:	Uploaded	**von:**	File Upload Bot (Magnus Manske)
Künstler:	T.R. Gottwald and S.M. Garnsey	**License:**	Public domain

[i30] - 004_002_003_image_xkrankheit.jpeg
https://upload.wikimedia.org/wikipedia/commons/9/97/Disease_symptoms_%2810.3897-mycokeys.59.38055%29_Figure_1.jpg

Date:	2019-10-16	**von:**	Christian Ferrer
Künstler:	https:doi.org10.3897mycokeys.59.38055	**License:**	CC BY 4.0 (https:creativecommons.orglicensesby4.0)

[i31] - 004_002_004_image_deckfruechte.jpeg
https://upload.wikimedia.org/wikipedia/commons/e/e4/Crops_Kansas_AST_20010624.jpg

Date:	2001-06-24	**von:**	Holly Cheng
Künstler:	NASA	**License:**	Public domain

[i32] - 004_003_003_image_fallobst.jpeg
https://upload.wikimedia.org/wikipedia/commons/7/7c/20131019Pyrus_communis7.jpg

Date:	Taken	**von:**	AnRo0002
License:	CC0 (http:creativecommons.orgpublicdomainzero1.0deed.en)		

FSC
www.fsc.org
MIX
Papier | Fördert
gute Waldnutzung
FSC® C083411

Kolibri 360 GmbH
Ferdinand-Jühlke-Straße 7
99095 Erfurt, Deutschland
produktsicherheit@kolibri360.de